人类
路径整合的
现象与机制

宛小昂 著

The Phenomenon and Mechanisms of
Path Integration in Humans

ZHEJIANG UNIVERSITY PRESS
浙江大学出版社

图书在版编目(CIP)数据

人类路径整合的现象与机制 / 宛小昂著. —杭州：
浙江大学出版社，2016.8
ISBN 978-7-308-16121-3

Ⅰ.①人… Ⅱ.①宛… Ⅲ.①应用心理学—研究
Ⅳ.①B849

中国版本图书馆 CIP 数据核字（2016）第 196500 号

人类路径整合的现象与机制

宛小昂　著

责任编辑	陈静毅	
责任校对	董凌芳	
封面设计	续设计	
出版发行	浙江大学出版社	
	（杭州市天目山路 148 号　邮政编码 310007）	
	（网址：http://www.zjupress.com）	
排　　版	杭州林智广告有限公司	
印　　刷	杭州杭新印务有限公司	
开　　本	710mm×1000mm　1/16	
印　　张	10.5	
字　　数	167 千	
版 印 次	2016 年 8 月第 1 版　2016 年 8 月第 1 次印刷	
书　　号	ISBN 978-7-308-16121-3	
定　　价	35.00 元	

$\boxed{P}$ REFACE 前 言

　　人无时无刻不生活在各种空间环境中,并常常自如地进行空间活动。无论是每天早上离开家去单位上班,还是在商场或超市里寻找心仪的商品,抑或是外出游览名胜古迹,人的许多活动都离不开对位置、方向、路线等空间信息的认识与应用。人常常需要在脑海中计划路线,例如,从一个地方要走怎样的路线才能到达下一个地方。在旅行中,人也需要更新位置和朝向信息,如果一时之间迷失了方向,需要重新找到方向,并最终到达行程的终点。这一系列的过程称为空间巡航。

　　20 世纪 40 年代,美国科学院院士、美国心理学会前主席爱德华·托尔曼(Edward Tolman)在观察大鼠在迷宫中进行空间巡航与空间学习的基础上,提出了认知地图的概念。自那以后,人和动物的空间能力便成为心理学研究的核心问题之一。空间认知不仅成为认知心理学研究中的重要领域之一,更强烈吸引着来自地理学、人工智能、神经科学等多个学科的学者。2014 年,美国科学家约翰·奥基夫(John O'Keefe)与两位挪威科学家迈-布里特·莫泽(May-Britt Moser)、爱德华·莫泽(Edvard Moser)因对大脑定位系统的杰出研究而获得了诺贝尔生理学或医学奖。空间认知的课题又引起了更多的关注。

　　本书所关注的路径整合,是一种通过整合自身运动信息而更新自身与周围环境之间空间关系的巡航方式。包括人在内的许多物种,都可以进行路径整合。在日常生活中,我们周围的环境提供丰富的路标以及视觉、听觉,甚至嗅觉等多种线索,它们都可以帮助我们完成空间巡航任务。因此,许多人在日常生活中可能并不太需要依靠路径整合来进行空间巡航,但是人类的路径整合也具有非常重要的意义。路径整合作为一种最基本的空间能力,是其他许多空间活动的基础,尤其是对于存在视力障碍的人群,或是当环境线索不那么丰富时,人的路径整合能力将发挥非常关键的作用。此外,路径整合能力还是一种可以通过训练和培养得到提高的空间能力。通过对人的路径整合能力进行测量和训练,我们可以对那些需要较强空间能力的职业人群进行选拔和培训。

本书分为五章,分别介绍路径整合的现象与实验范式,分析路径整合的自身运动信息基础,总结人类路径整合的心理机制与神经机制,最后初步讨论这些研究成果在空间能力训练与提高方面的应用。"人类路径整合的现象与机制"是我在美国伊利诺伊大学香槟分校心理学系读书时的博士论文题目,也是我在过去十年中致力研究的课题之一。除了我自己进行或参与的这部分研究工作之外,本书总结并介绍了其他科研工作者在这个研究领域完成的大量研究工作。当然,对于我亲身参与过的实验,本书给予了最为详细的说明。对于其他学者进行的一些比较复杂、难以理解的实验情景设置,我也亲手绘制了示意图作为说明。由于空间认知研究的特点,大部分示意图为实验场景的鸟瞰图。本书中大量专业词汇都是由英语或其他语言的文献翻译而来,因此我在本书末尾的索引中提供了中英文术语对照表,以方便读者对照本书正文和查询文献时使用。本书所引文献均以美国心理学会(APA)要求的格式列出。

需要顺便指出的是,本书介绍的所有心理学研究,无论是我还是其他学者进行的,在开始之前都经过所在单位的研究伦理委员会的审核和批准。现代心理学家及相关学科研究人员在以人为实验对象进行研究之前,都必须向研究人员所在单位的研究伦理委员会提交申请,确保这些研究不会伤害到参与者。参加实验的志愿者可以得到相应的报酬,如果是大学生的话也可以得到相应课程的学分。此外,本书提到的一些动物研究,包括动物的神经损伤研究,也都严格遵守了动物实验的伦理要求,得到了研究人员所在单位研究伦理委员会的审核和批准。

虚拟现实是利用计算机模拟产生的虚拟世界,而且这类虚拟世界能与使用者实时互动。当使用者的位置发生变化时,计算机还可立即进行复杂的运算并传回精确的影像,令使用者产生身临其境的感觉。例如,尽管使用者身处一间虚拟现实实验室中,虚拟现实系统的模拟仿真却可令他感觉自己仿佛置身于原始森林之中。在研究以视觉信息为基础的人类路径整合时,虚拟现实技术的应用发挥了非常关键的作用。我自2005年开始将虚拟现实作为主要研究工具之一,至今已经十多年了。本书在正文中介绍了虚拟现实作为研究工具在人类路径整合研究中的应用。在附录中,我也对虚拟现实在心理学研究与实践中的应用做出了一些初步的探讨。

我希望通过本书的出版,为空间认知领域的科研人员和研究生提供一本较为专业的参考书,也让更多的人了解空间认知方面的基本理论、实验范式及关键科学问题,起到抛砖引玉的作用。本书对虚拟现实在人类路径整合研究中的应用做出的探讨和分析,也许对使用这一工具研究其他问题的同行学者也有所启发。

由于学识和时间所限,书中难免存在疏漏与不当之处,恳请广大读者指正。

宛小昂

2016 年 5 月于清华大学明斋

Contents 目录

第一章
路径整合的现象与实验范式

在日常生活中,人们经常要从一个地方到另一个地方去,而且许多活动都离不开对位置、方向、距离、路线等空间信息的认识与应用。人在开始行程前常常需要在脑海中计划路线,在行程中需要更新位置和朝向信息,找到前进的方向,并最终到达行程的终点。这一系列的过程称为空间巡航(navigation)。空间巡航是关系到人类生存和繁衍的重要活动。知道我们曾经到过哪里、现在处于哪里、未来想去哪里,对于空间巡航来说非常关键。人在空间巡航中的表现与自身的空间能力密切相关,更充分调动了人的感知觉、注意、记忆、语言、思维等认知过程。

关于空间巡航的问题曾困扰了许多哲学家和科学家。18 世纪的德国哲学家康德在《纯粹理性批判》中提出,空间概念是先天知识原则的感性直观形式,并以几何学原理为例,说明空间概念与生活经验无关。而 20 世纪的行为学派心理学家们则持相反的观点。根据刺激-反应(stimulus-response,S-R)模型,空间学习只是把一系列的外部刺激和相应的行为联系起来。假设一个人离开家去附近的超市采购,他该如何找到从家到超市的路呢？也许他的路线可以描述为:出了楼门向右拐,向前走,经过两栋楼,看到路灯之后向左拐,便利店在他的左侧。那么,在对这条路线的学习中,他也许只是建立了很多像"看到路灯"就"向左拐"这般的刺激-反应联结？

爱德华·托尔曼(Edward Tolman)[①]在 1948 年发表的论文中则提出了不同的观点。他观察大鼠在迷宫中的空间巡航与学习,发现通过给予大鼠食物奖赏,是可以令它们记住一些特定的空间位置的。尤为重要的是,尽管之前在训练中没有走过所有路径,大鼠在迷宫中却能通过直接到达目标地的捷径(shortcut)到达特定的位置。这样的结果意味着大鼠并不是仅仅通

---

① Tolman，E. C. (1948). Cognitive maps in rats and men. *Psychological Review*，55(4)，189-208.

过一系列的运动反应来完成空间巡航任务的。托尔曼提出了认知地图(cognitive map)的概念来解释这些研究结果,认为大鼠自发地形成了对迷宫的内部心理表征(representation),并对其中一些要素的空间位置及要素之间的空间关系进行了编码,而这样的心理表征允许它们找到特定位置并规划达到特定位置的路线。

31 年之后,约翰·奥基夫(John O'Keefe)与林恩·纳德(Lynn Nadel)[1]则进一步发展了托尔曼关于认知地图的观点,并确立了大脑海马在空间定位中的关键作用。他们提出,大鼠可以利用分类系统和定位系统这两种机制来完成空间任务,其中分类系统是基于刺激与反应之间的联结,而定位系统是基于认知地图中的空间关系信息。奥基夫[2]在研究工作中发现,大鼠的海马中存在一类细胞,仅在大鼠位于测试台的某个位置和朝向时产生强烈的动作电位,这类细胞称为位置细胞(place cell)。在特定环境下,单个位置细胞具有对应特定位置的位置感受野,而不同的位置细胞存在不同的位置感受野。这些位置细胞与周围环境中的空间位置存在映射关系,从而令海马作为一个整体建立起认知地图。

曾在奥基夫实验室工作过的挪威科学家迈-布里特·莫泽(May-Britt Moser)和爱德华·莫泽(Edvard Moser)夫妇的研究团队[3][4]则在大鼠海马外的背尾端内侧内嗅皮层(dorsocaudal medial entorhinal cortex, dMEC)发现了对位置敏感的细胞。这些细胞在大鼠位于多个离散的、均匀分布的空间位置时产生动作电位。而这些空间位置恰好可以作为一个个顶点,形成六边形的网格,覆盖大鼠可以到达的整个活动空间。这些细胞称为网格

① O'Keefe, J., & Nadel, L. (1978). *The hippocampus as a cognitive map*. Oxford, UK: Clarendon.

② O'Keefe, J. (1976). Place units in the hippocampus of the freely moving rat. *Experimental Neurology*, 51(1), 78-109.

③ Fyhn, M., Molden, S., Witter, M. P., Moser, E. I., & Moser, M.-B. (2004). Spatial representation in the entorhinal cortex. *Science*, 305(5688), 1258-1264.

④ Fyhn, M., Hafting, T., Treves, A., Moser, M.-B., & Moser, E. I. (2007). Hippocampal remapping and grid realignment in entorhinal cortex. *Nature*, 446(7132), 190-194.

细胞(grid cell)。当大鼠在活动空间中到达任何一个网格节点时,都有相应的网格细胞产生最大的动作电位。当大鼠运动时,大小、朝向相同,但相位不同的网格细胞被依次激活,反映了距离和朝向的信息。网格细胞的发现也为本书关注的主题——路径整合——提供了基本的支持。

人与动物的空间巡航有重要区别,但也具有一些相似之处。在本书的行文中,我有时会把进行空间巡航的人和动物统一称呼为巡航者(navigator)。本书主要关注的是人类的路径整合,但是也会谈到动物路径整合研究带来的启示。路径整合是空间巡航的基本形式之一,是人和其他许多物种都具有的能力。本章分为两节,分别介绍动物路径整合的现象与意义,以及人类路径整合研究的实验范式。

第一节　动物路径整合的现象与意义

人们要顺利完成一项空间巡航任务,往往意味着要完成一些最基本的认知过程,包括对空间线索的运用、复杂的空间运算、形成基本的空间表征等。空间线索主要分为两大类。

一类是环境线索(allothetic cues),包括环境中能提供的视觉、听觉、嗅觉信息等。以这些环境线索为基础的空间巡航被称为基于定位的巡航(position-based navigation),在动物研究中也常被称为领航(piloting)。环境线索中有许多路标(landmark)可以被用来辅助空间巡航,而这种主要依赖路标进行的空间巡航被称为基于路标的巡航(landmark-based navigation)。这里所提到的路标,主要指的是环境中醒目的、稳定的、能提供位置信息的物体。路标可以是多种多样的。无论是城市中的著名建筑,还是住宅区门口的一棵老槐树,都有可能成为人在寻路时的路标。

另一类空间线索则属于内部线索(idiothetic cues),指关于自身的体感信息(body senses),包括前庭觉(vestibular sense)、本体觉(proprioception)、传出指令的副本(efference copy,即由中枢神经系统向躯体发出的运动指令)等。

通过整合自身运动信息来进行空间巡航的过程被称为路径整合（path integration）。需要注意的是，路径整合也可以依赖外部线索，例如，光流（optical flow 或 optic flow）是由观察者自身的运动导致的视网膜图像变化，提供了自身运动信息。

路径整合研究早期主要关注的是动物行为，特别是与动物的觅食行为紧密联系在一起。动物所进行的路径整合也常常被称为航位推算（dead reckoning）。不过，航位推算更多地强调计算的方式。也就是说，在知道当前位置的条件下，利用移动的距离和方向信息，推算下一时刻的位置。受到动物导航方式的启发，航位推算法现已经广泛用于车辆、船舶等的航行定位及全球定位系统的设计之中。

一、动物路径整合的现象

关于动物的路径整合，最著名的例子莫过于沙漠蚁（genus cataglyphis）的觅食行为。蚂蚁是以巢穴为中心生存的社会性昆虫，而工蚁在外出觅食时，几乎没有办法与同巢的蚂蚁取得联系，因此需要一定的巡航策略才能返回巢穴。沙漠蚁能够忍受高温的天气，在寸草不生的撒哈拉沙漠上生活下来。但是，沙漠地区极度缺乏环境线索，即使在沙漠上留下任何痕迹，很快也会被风沙所掩盖。在这样的环境中，沙漠蚁如何外出寻找食物，找到食物后又如何返回巢穴呢？

科学家们观测到，蚂蚁主要通过行进过程中自身肌肉的运动来感知距离，保持恒定的行进速度和步长，然后通过步伐来估算距离。沙漠蚁离开巢穴后沿着蜿蜒曲折的路线觅食，找到食物源后，却能沿直线，直接返回巢穴。如果研究者把正在返巢的沙漠蚁放入一个陌生环境中新的位置上，它仍会像什么都没有发生过一样沿着既定的路线行进，这说明了自身运动信息对沙漠蚁空间巡航的重要性。[①] 太阳在沙漠蚁的方向控制中起到了指南针的

---

① Wehner, R., & Srinivasan, M. V. (1981). Searching behavior of desert ants, genus *Cataglyphis* (Formicidae, Hymenoptera). *Journal of Comparative Physiology*, *142*(3), 315-318.

作用,它们利用太阳进行定位时,偏振光是它们确定太阳方位的最重要信号。[1] 当然,沙漠蚁的路径整合往往不是完美的,也会存在误差,沙漠蚁有其他方式来纠正路径整合的误差。例如,沙漠蚁有时会在寻找下一个食物前先返回巢穴,将误差和向量计算清零,然后再重新外出寻找食物。[2]

和蚂蚁类似,蜜蜂也是以巢穴为中心生存的社会性昆虫,在觅食完成后可以利用直线捷径返回巢穴,而且蜜蜂也可以利用太阳进行定位。[3] 但是,蜜蜂使用的空间巡航策略和沙漠蚁存在重要差别。在工蜂出巢采蜜前,侦察蜂会先出巢寻找蜜源。它们发现采蜜的地点后,会飞回蜂巢跳圆圈或"8"字形舞来指出食物的所在地,而舞蹈动作的快慢和蜂巢与采蜜地点之间的距离有直接关系。也就是说,蜜蜂的舞蹈实际上表达了对采蜜地点与蜂巢之间的距离和方向的编码。工蜂会从这样的舞蹈中提取信息,找到采蜜的地点。但是,这样的信息也是不精确的,工蜂在接近食物源的地方还要不停地慢飞搜索,才能准确定位食物源。

蜜蜂通过使用飞行过程中与周围景物的相对运动信息,即整合光流信息,来测量和控制飞行距离。它们能够使用路径整合的策略,同时也能利用对环境中显著位点之间几何关系的空间记忆。在一项研究中,研究者追踪了有过到达食物源取食经历的蜜蜂和通过舞蹈得知食物地点的蜜蜂。[4] 当这些蜜蜂离开蜂巢或食物源时,研究者将它们捕获,在一个陌生的地方释放。结果发现,这些蜜蜂会先按照它们之前既定的路线直线飞行,然后在不

---

① Wehner, R., & Müller, M. (2006). The significance of direct sunlight and polarized skylight in the ant's celestial system of navigation. *Proceedings of the National Academy of Sciences of the United States of America*, 103(3), 12575-12579.

② Collett, M., Collett, T. S., & Srinivasan, M. V. (2006). Insect navigation: Measuring travel distance across ground and through air. *Current Biology*, 16(20), R887-R890.

③ Riley, J. R., Greggers, U., Smith, A. D., Reynolds, D. R., & Menzel, R. (2005). The flight paths of honeybees recruited by the waggle dance. *Nature*, 435(7039), 205-207.

④ Menzel., R., Greggers, U., Smith, A., Berger, S. Brandt, R., & Brunke, S. et al. (2005). Honey bees navigate according to a map-like spatial memory. *Proceedings of National Academy Sciences of the United States of America*, 102(8), 3040-3045.

断变向的慢飞搜索之中重新定位,再直线飞回蜂巢或食物源。这样的空间巡航行为表明,蜜蜂可能有丰富的、类似地图的空间记忆,并借助蜂巢附近的路标或空间记忆直线返巢。

另一个关于动物路径整合的著名例子是大鼠的活动。在自然世界中,大鼠的活动一般局限在鼠穴附近,只占周围环境的很小地方。鼠穴为大鼠提供必要的保护,使它们免于受到捕食者或恶劣天气的伤害。但是,大鼠也需要离开鼠穴去寻找食物、水或同伴,也时常需要从一个地方到另一个地方去。因此,大鼠的生存依赖于它们对空间位置的记忆,并使用空间巡航策略,在鼠穴和其他地方之间活动时找到有效的路线。大鼠也是动物行为实验中最常用的动物之一,常见的实验场景是各种类型的迷宫(maze),包括 T 形的迷宫、Y 形的迷宫、十字形的迷宫、放射状的臂形迷宫,还有通过实验情景迫使大鼠游泳并寻找水下平台的水迷宫(water maze)等。

在关于大鼠路径整合的研究中,最常用的实验范式是著名的贮食(food-hoarding)任务。实验的基本原理是,研究者将饥饿的大鼠放置在一个"庇护所"内,但是又允许它们到一个比较大的区域内寻找食物并带回庇护所享用。研究者观察大鼠找到食物后回到庇护所的行为,来测量它们的空间能力和巡航策略。这类研究经常会使用一张圆形的桌子作为观察大鼠空间行为的"舞台"。靠近桌子的边缘,均匀分布着八个洞(如图 1.1 所示)。每个洞下都设有滑道,连着桌下的小盒子,就像是"地下室"一样。大鼠被放置在一个地下室内,这里就成为它们的庇护所。庇护所与桌面之间是连通的,大鼠可以自由地跳出来,在桌子上寻找食物。饥饿的大鼠找到食物后,会把食物带回到一开始的庇护所内享用,吃完后再到桌子上寻找食物。研究结果表明,如果有大鼠熟悉的环境线索,大鼠会利用这些环境线索返回起点;如果没有稳定的外部线索(例如在黑暗中),大鼠仅凭自身运动信息也能返回起点。[1] 这样的结果说明,在有光线的条件下,大鼠可以使用环境线索返回起点;而在黑暗中,它们主要依赖自身运动信息返回起点,也就是使用

---

[1] Wallace, D. G., & Whishaw, I. Q. (2004). Dead reckoning. In I. Q. Whishaw & B. Kolb (Eds.), *Behavior of the laboratory rat: A handbook with tests* (pp. 401-409). Cary, NC: Oxford University Press.

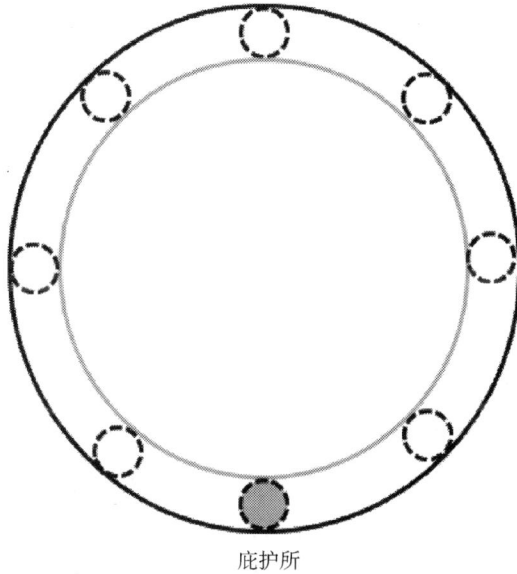

庇护所

图 1.1　大鼠贮食实验的场景鸟瞰示意图

了路径整合的空间巡航策略。

　　但是,如果大鼠的前庭觉受损,就会影响它们依赖自身运动信息返回起点的能力。在一项损伤(lesion)研究中,研究者对实验组的大鼠进行了化学性迷路切除,损毁了它们的前庭系统。① 在其后的贮食实验中,前庭损伤的大鼠在有光线的条件下找到食物后仍然能够回到起点的庇护所,表现出和控制组大鼠一样的行为,说明它们仍然能够利用环境线索进行空间巡航。但是在黑暗的实验条件中,前庭损伤的大鼠找到食物后按随机的方向行进。当发现自己找不到返回起点的路时,它们会停下来四处张望,然后再试另一个方向,如此循环重复,直到它们最终带着食物回到了起点。在这个寻找起点的过程中,前庭损伤的大鼠一直带着食物而没有在桌面上食用,说明它们还是打算回到起点后再享用食物的,只是在返回起点的过程中遇到极大的困难。这些实验结果说明,前庭信息对于大鼠的路径整合是非常关键的。

---

　　① Wallace, D. G., Hines, D. J., Pellis, S. M., & Whishaw, I. Q. (2002). Vestibular information is required for dead reckoning in the rat. *Journal of Neuroscience*, *22*(22), 10009-10017.

大鼠不仅可以在陆地上进行路径整合，也可以在水中游泳时进行。水迷宫的实验范式，是由英国心理学家理查德·莫理斯（Richard Morris）于1981年设计的。这种实验场景可以测验大鼠在水中的方位学习（place learning）和路径整合能力。大鼠天生会游泳，但是它们并不喜欢游泳，在不得不身处水中的时候，会本能地寻找水中的休息场所。水迷宫的基本原理就是利用大鼠这种急于逃离水淹的本能，通过实验情景迫使它们到水中游泳，并学习隐藏在水下的逃生平台的位置，评价它们的空间能力和记忆能力。水迷宫的实验场景主要由圆形的水池和水下的逃生平台组成。为了能使水变混浊并将逃生平台隐藏起来，研究者经常会向水中加入脱脂奶粉或无毒的染料，以便排除视觉线索和气味线索。

研究大鼠在水中的路径整合能力时，研究者使用了圆形的水池，并在水池的中央放置了远远高于水面的圆筒，把游泳池分成了内部中心水域和外部环形水域（如图1.2所示）。① 圆筒中均衡分布着多个出口。在每个试次（trial）中，一个出口前会放置一个比水面低几厘米的小圆筒，作为隐藏在水

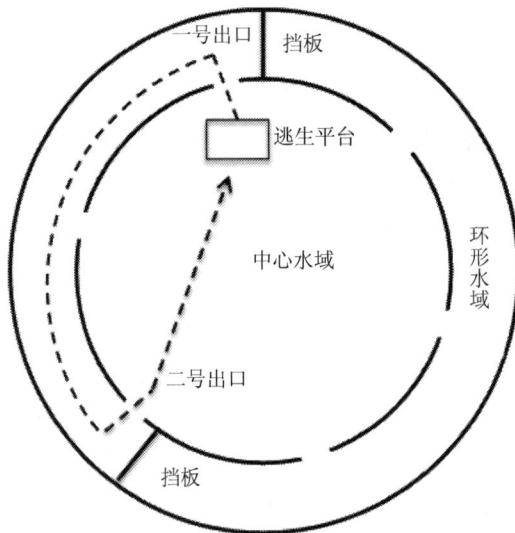

图 1.2 大鼠水迷宫实验的鸟瞰示意图

① Benhamou, S. (1997). Path integration by swimming rats. *Animal Behaviour*, 54(2), 321-327.

面下的逃生平台。每个试次一开始,实验员将一只大鼠放在逃生平台上,再轻轻将它推入平台前出口外面的水中(图 1.2 中用一号出口表示)。实验员在出口外的环形水域内设置一个挡板,使大鼠只能沿着实验指定的方向游泳,并关闭它身后的出口以避免它直接转身回到平台。其他出口中,只有一个仍是开放的(图 1.2 中用二号出口表示),而且该出口外的环形水域中也设有挡板,以避免大鼠游得太远而错过出口。这样的实验设置就使大鼠不得不沿着实验者事先设计好的环形曲线游动一段距离后,进入内部圆形水域,再回到逃生平台。

所有的大鼠在参加实验前都需要经过几天的训练,在熟悉了水迷宫的设置尤其是出口的个数之后才能进行正式的实验。在不同的试次中,研究者使用不同的出口作为一号出口和二号出口,以及不同长度的弧形游泳路线(图 1.2 中用虚线表示)。在如图 1.2 所示的这个试次中,当大鼠从二号出口进入中心水域后,它需要做出的选择就是向另外五个出口中的其中一个游去。正确的反应是向之前曾去过的一号出口游去,因为只有一号出口前才有逃生平台。因此,研究人员主要分析大鼠从二号出口进入中心水域后,会选择向哪个方向游去。实验结果表明,大鼠基本上会选择正确的方向返回平台,但是也会存在一定的误差。由于混浊的水中缺乏环境线索,水迷宫中也不提供路标信息,因此这些结果表明,大鼠在水中也能使用自身运动信息进行路径整合。

还有一个著名的路径整合例子则是关于沙漠鼠的"宝贝回家"实验。在一项研究中,研究者利用雌沙漠鼠找回自己的幼仔并返回巢穴的强烈动机,研究它们的空间巡航行为。① 在实验中,研究者将雌沙漠鼠的幼仔移到距离巢穴不同远近和方向的浅杯中。整个活动区域的直径是 1.3 米,大约是动物身长的十倍。这之后不久,雌沙漠鼠就会离开巢穴寻找幼仔。当找到一只幼仔时,雌沙漠鼠会带着它直线返回最初的出发点。无论是在黑暗中(没有任何线索),还是在巢穴已经被移动的情况下,雌沙漠鼠总能径直返回

---

① Mittelstaedt, H., & Mittelstaedt, M. L. (1982). Homing by path integration. In F. Papi & H. G. Wallraff (Eds.), *Avian navigation* (pp. 290-297). New York: Springer.

最初的起点,说明它们也具有路径整合的能力。

鸟类动物之中,最著名的路径整合实验则来自对鹅的研究。刚出生不久的小动物会追逐它们首先看到的活动的生物,并对这个生物产生依恋之情,这一现象被称为印刻(imprinting)效应。最著名的例子莫过于奥地利动物学家康拉德·劳伦兹(Konrad Lorenz)的研究。他出现在刚孵化出的小鸭子面前,这些小鸭子就会像对待鸭妈妈那样跟在他身后走。在一项研究中,研究者正是利用了印刻效应来研究鹅的路径整合能力。① 研究者先让小鹅对一位人类养母(实验员)产生印刻效应而跟着她走,并训练小鹅在这位养母不见时回"家"找她。在最初的实验中,实验员把小鹅放在推车里推着行进,到达特定地点后实验员消失。小鹅被放出自由行动时,它们能直接返回起点。在后续实验中,实验员推着小鹅行进一段距离到达地点 A。在地点 A,实验员用厚布盖住笼子的每一面,让小鹅待在笼子里,再推着笼子行进到另一个地点 B。在 B 点,实验员藏起来,而小鹅被放出自由行动。在 2 到 7 分钟,这些小鹅会跟着一只领头鹅开始行进,试图返回起点。有趣的是,小鹅们返回起点的路径,就好像它们是从地点 A 返回起点,而不是从地点 B 返回起点所应该走的路径。这样的实验结果说明鹅可以通过整合自身运动信息返回起点,也就是它们具有路径整合的能力。

哺乳动物之中,狗也在多项研究中表现出了路径整合能力。在一项研究中,为了防止狗使用外部的视觉或听觉线索进行空间巡航,实验员给狗戴上眼罩和耳套,再把它领到放置食物的地点,让它闻一下食物的气味。② 然后,从放置食物的地点开始,实验员领着狗沿着一个方向行进一段距离,转一个 90°的弯后,再沿着另一个方向走一段距离。也就是说,实验员领着狗走了 L 形的路线,而且在不同试次中路线的长度及转角的方向有所不同。场地中放置着 300 块和食物看起来很像的非食物作为干扰。实验员摘下狗的眼罩和耳套,放开狗,让它自行返回起点也就是放置食物的位置。实验结

---

① von Saint Paul, U. (1982). Do geese use path integration for walking home? In F. Papi & H. G. Wallraff (Eds.), *Avian navigation* (pp. 298-307). New York: Springer.

② Séguinot, V., Cattet, J., & Benhamou, S. (1998). Path integration in dogs. *Animal Behaviour*, 55(4), 787-797.

果表明,尽管存在一定的误差,但是狗能在没有任何路标的情况下,回到 L 形路线的出发点。这样的结果在一定程度上说明狗具有路径整合的能力。这种走特定路线后返回起点以测量路径整合能力的实验范式,在人类路径整合研究中也常常用到,将在本章第二节中详细介绍。

在另一项研究中,研究人员在实验场地内设置了高于狗的视线的正方形封闭圈(如图 1.3 所示)。[①] 在实验条件下,实验员给狗戴上眼罩和耳套以剥夺视觉和听觉线索,然后从封闭圈外的垫子开始,领着它沿着一条固定路线(图 1.3 中的一号路线),走到封闭圈的开口处,让狗坐在靠近边缘的位置上。当实验员摘下狗的眼罩后,会当着它的面向封闭圈内的某个事先设计好的位置上扔一块食物。然后,实验员会再次蒙住狗的眼睛,领着它沿原路线走出封闭圈,到达封闭圈外的垫子后,再沿着另一条路线(图 1.3 中的二号路线)到达封闭圈另一侧的开口处,摘下狗的眼罩和耳套。这时,封闭圈内的地面上会放 100 块与食物看起来很像的非食物作为干扰,而实验员放开狗去场地内寻找食物,观察并记录它的表现。

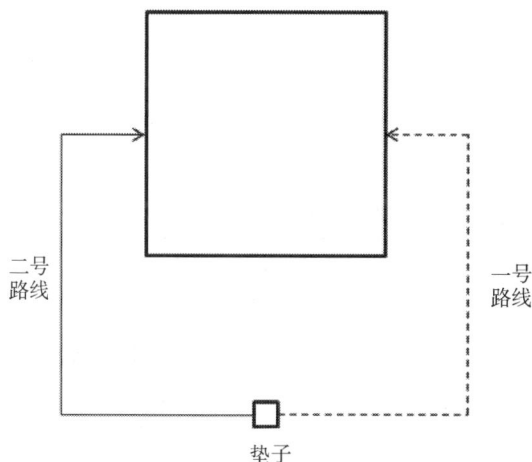

二号路线

一号路线

垫子

图 1.3　封闭圈狗实验情景的鸟瞰示意图

① Cattet, J., & Etienne, A. S. (2004). Blindfolded dogs relocate a target through path integration. *Animal Behaviour*, 68(1), 203-212.

10 条不同品种和年龄的狗参加了这个寻找食物的实验。每条狗都被测试多次,且不同的试次中会使用不同的一号路线和二号路线(图 1.3 中只是表示了其中一种情况)。在 90% 的情况下,狗会朝着食物走去,直接找到食物,或在食物的附近徘徊并进一步寻找。在控制条件下,研究人员不让狗看到食物扔到哪里了,或是在实验过程中抱着狗进出封闭圈以剥夺它的自身运动信息,结果狗就无法找到食物在哪里了。将实验条件与控制条件进行比较,就可以推断出狗在看到实验员扔出食物后对它的位置进行了视觉登记,然后通过整合自身运动信息,更新了自己与食物之间的距离和方位。也就是说,在能够使用自身运动信息的条件下,狗也可以使用路径整合的策略来寻找食物。

二、动物路径整合的意义

大量动物研究表明,从昆虫、鸟类到哺乳动物,很多物种都可以通过整合自身运动信息进行路径整合。对于许多动物而言,拥有路径整合的能力,其重要性是毋庸置疑的。一方面,拥有路径整合能力使动物在外出后总能返回起点,因此它们才有可能勇敢地离开巢穴,在不熟悉的环境中进行自由的探索,并寻找特定的目的地如食物源和水源等。另一方面,拥有路径整合能力不仅令动物可以在找到食物后返回巢穴,也使它们可以从巢穴再返回到已知的食物源或水源。这种能够在巢穴与已知的食物源或水源之间多次往返的能力,为动物的生存提供了有力的保障。

此外,尽管路径整合的最基本作用是令动物可以直线返回一个特定的目的地,但是它所产生的运动轨迹并不一定是沿着特定的路线。动物在返回一个特定目的地这个目标的驱动下,也可以走捷径,或是绕路后达到目标。例如,在没有路标的情况下,大鼠可以在地面下挖出通道以绕开障碍物,灵活地完成空间巡航的目标。换言之,路径整合作为一种空间策略,为动物提供最基本的空间信息,为它们灵活地完成空间巡航提供了可能。

更为重要的是,动物在不熟悉的环境中进行探索时,路径整合还使它们可以不断地更新自己当前的位置和朝向,允许它们逐渐积累关于环境的空间信息。路径整合所提供的基本信息，令巡航者可以不断丰富自己对于空间的内在表征，为认知地图的形成提供了基础而重要的信息。因此，从某种意义上而言，路径整合可以说是动物最原始的空间巡航方式，同时又为高阶的认知地图提供了关键的信息。

那么，人类又是如何进行路径整合的呢？研究者又该如何对人的路径整合能力进行系统而严谨的测量呢？

第二节　人类路径整合的实验范式

从日常生活的观察中，我们可以发现人往往很依赖视觉信息，在光线充足、环境信息丰富的条件下会依赖环境线索——尤其是路标——进行空间巡航；但是在环境线索不足的情况下，例如黑暗的室内，人们也可以使用自身运动信息。那么，应该如何在实验室中再现这种现象呢？如果要在实验室研究人的路径整合能力，其关键之处就是需要通过特定的实验任务，让人利用自身运动信息去估计一个（或多个）地点的位置。这里的基本逻辑是，在排除路标等环境线索的条件下，让人从一个地点走出去，再要求他们直线返回。因此，在人类路径整合研究中，常见的实验任务是路径完成任务（path completion task），也称为返回起点任务（return-to-origin task）或返航任务（homing task）。这类实验任务通常包括两种路径，也就是让参加实验的样本人群走出去的外出路径（outbound paths）与直线返回起点的返航路径（homing trajectory）。参加这些实验研究的样本人群，在下文中统称为被试（participant，也常译为参加者）。

一、路径完成任务

路径完成任务的基本要求，就是被试从外出路径的起点出发并行进，经过外出路径中的所有路段后，到达外出路径的终点。然后，任务要求他们从终点直接返回起点。如图 1.4(a)所示,这个外出路径包括两个路段,一个路段是从 H 点到 A 点,另一个路段是从 A 点到 B 点。也就是说,整个外出路径的起点是 H 点,终点是 B 点,而 A 点是外出路径中拐弯的地方(拐点)。被试从外出路径的起点 H 出发,沿着第一个路段行进,到达 A 点后向左转,沿着第二个路段行进到达 B 点,再争取直线返回起点 H 点。

那么,如何衡量被试在路径完成任务中的表现呢? 在图 1.4 中,如果要直接从终点 B 回到起点,正确的做法应该是如图 1.4(a)所示,转 β 度后行进一段距离 c。也就是说,要返回外出路径的起点,被试先要做出一个关于方向的反应,即判断外出路径的起点在哪个方向;再做出一个关于距离的反应,即判断外出路径的起点距离自己现在的位置有多远。但是,被试实际做出的反应可能并不完美,如图 1.4(b)所示,他可能是转了一个角度 β_r 后行进了一段距离 c_r,到达了一个新的地点 H_r。

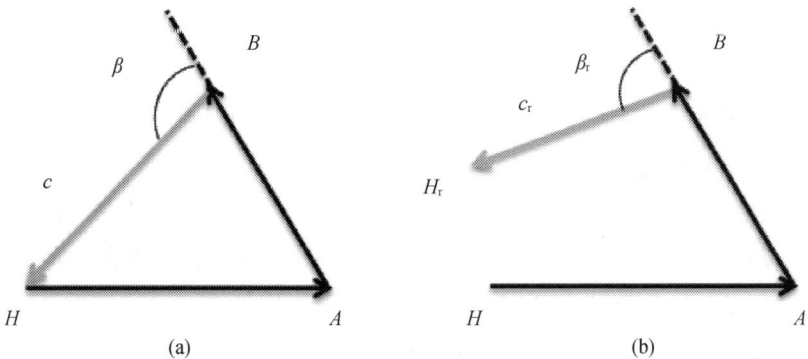

图 1.4 路径完成任务的鸟瞰示意图

为了衡量被试在路径完成任务中的成绩,研究者测量 H_r 点与 H 点之间的直线距离,并把这一距离称为路径完成任务中的位置误差(position error)。位置误差越小,说明被试实际返回的地点与外出路径的起点越接近,也就是路径完成任务的成绩越好。同时,研究者也可以分别比较被试的实际距离反应与正确的距离反应(c_r 与 c),及实际方向反应与正确的方向反应(β_r 与 β),计算出距离误差(distance error)和方向误差(direction error),来分别评价被试对于起点的距离判断和方向判断的准确性。当然,研究者也可以测量被试做出方向反应和距离反应的时间,用来衡量反应的速度,评估被试在反应准确性与反应速度之间的权衡。

二、路径完成误差

如本章前一节所总结的,从昆虫到哺乳动物,很多物种都可以进行路径整合。当然,这些路径整合并不总是完美的。巡航者返回起点的表现,可能受到误差累积(error accumulation)的影响。这些误差大致可以分为两类,分别是系统误差(systematic error)和随机误差(random error)。系统误差指的是反应中的一种有偏差的倾向性,导致反应的误差总是沿着一个方向,例如总是高估(overestimation),或总是低估(underestimation)。而随机误差指的是对反应的不可预测的影响,方向是不固定的。

在计算过程中,前面提到的距离误差和方向误差分别可以用有符号的误差(signed error)、无符号的误差(unsigned error)、比例误差(percentage error)三种形式来具体表示。有符号的误差指被试的实际反应与正确的反应(c_r 与 c、β_r 与 β)之间的差值,正值表示高估,而负值表示低估。无符号的误差是被试的实际反应与正确的反应(c_r 与 c、β_r 与 β)之间差值的绝对值,误差越小表示反应越准确,误差越大则表示反应越不准确。研究者可以计算同一被试在多个试次中的平均误差,也可以用多位被试的平均误差计算一组被试的平均误差。对于这些算术平均值而言,有符号的误差体现的是系统误差;而无符号的误差则同时体现了系统误差和随机误差。比例误差是用无符号的误差与正确反应之间的比率来表示的,综合考虑了正确反应的大小对被试反应的影响。例如,当正确距离是 1 米和 10 米时,被试有 0.1 米的距离误差,意义显然是不同的,而比例误差的计算则考虑了这一点。

值得注意的是,一些研究也使用圆形分布(circular distribution)的统计方法,处理方向反应产生的角度数据,尤其是在计算方向误差的平均值时。圆形分布中的角度指的都是圆心角,特点是周而复始,没有真正的零点,也没有大小之分。在圆形分布上,一个圆周 360° 为一个周期。一般规定罗盘正北方向为 0°,角度按顺时针方向增加。由于圆形分布的特殊性,研究者就无法使用一般计算平均数的方法来计算平均值。例如,设有两个角度是 20°

和340°,如果计算它们的算术平均数,则为180°,也就是正南方向。而20°和340°指的都是偏北方向,它们的平均值指向正南方向显然是不合理的。因此,在使用圆形分布的统计方法时,应使用如下公式所示的计算角均数(circular mean,$\bar{\alpha}$)的方法来计算多个角度($\alpha_1,\alpha_2,\alpha_3,\cdots,\alpha_i,\cdots,\alpha_n$)的平均值。

$$X = \frac{1}{n}\sum_{i=1}^{n}\cos\alpha_i$$

$$Y = \frac{1}{n}\sum_{i=1}^{n}\sin\alpha_i$$

$$r = \sqrt{X^2 + Y^2}$$

$$\cos\bar{\alpha} = \frac{X}{r}$$

$$\sin\bar{\alpha} = \frac{Y}{r}$$

在这个计算角均数 $\bar{\alpha}$ 的过程中,r 是一种集中趋势的度量,范围在 0 到 1 之间;如果 r 为 0,则表示这些角度没有平均的方向,角均数不明确;如果 r 为 1,则表示所有的角度都集中在同一个方向。在上面提到的例子中,两个角度是 20°和 340°,角均数为 0°,也就是正北方向。

除了计算多个反应的平均值,研究者有时也会关注多个反应的标准差,用来衡量反应一致性(response consistency)。这不仅包括距离反应的标准差或位置误差和距离误差的标准差,还包括方向反应的角标准差(circular standard deviation)。研究者不仅可以检验同一个体在多个试次中的反应一致性,还可以检验不同个体之间的反应一致性。如果同一个体在不同的试次中反应一致性较高,说明他的反应比较稳定,反之,则说明他的反应不稳定。如果不同个体之间在反应的平均值之间没有存在显著的差异,但在反应的一致性上存在差异,也在一定程度上说明他们之间存在个体差异。

一般而言,路径完成实验中外出路径应至少包括两个路段,前一个路段的终点是后一个路段的起点,而且连续的两个路段的方向不完全相同,两者之间会有一个夹角。换言之,在沿着外出路径行进时,被试既经历了在同一个位置上线性的位移(linear displacement),也就是物理学上所讲的平动

(translation);也在路段的交叉点上经历了角度的位移(angular displacement),即原地发生的转动(rotation)。

当被试到达外出路径的终点时,如果要估计起点的位置,往往需要做出方向的判断和距离的判断。值得注意的是,计算起点的方向与计算终点到起点的距离,是两个不同但是相互关联的过程。人们返回起点的位置误差,同时受到距离误差和方向误差的影响。

当外出路径如图 1.4 中所示那样只包括两个路段时,路径完成任务也被称为三角形完成任务(triangle completion task)。当然,外出路径中包括的路段个数越多,整个外出路径也就越为复杂。对于非常复杂的外出路径,先走过的路段还可能与后走过的路段之间有交叉点,也就是被试会经过同样的地方两次,这更增加了返回起点的难度。如果外出路径中每个路段的长度都一样,或者两个路段之间的夹角为直角,则属于比较特殊的外出路径。根据研究目的,有时研究者可以设置实验条件,令外出路径只包括一个路段。也就是说,被试只是沿着一个路段前进,再转身返回起点。在某些研究中,研究者还可能让被试保持原地不动而只是旋转。当然,这只是非常特殊的情况。

不同的研究在描述外出路径中的夹角时,也有可能使用不同的描述方法。研究者可能会报告两个路段的夹角,也有可能报告被试身体实际旋转的角度,两者互为补角(两者相加之和为 180°)。例如,如图 1.5 所示,对于同样的外出路径,如果报告路径夹角则为 60°,而如果报告被试身体旋转角度则为 120°。因此,在阅读研究报告或重复实验时,也需要特别注意研究者报告的究竟是路径夹角还是身体旋转角度。

图 1.5 路径夹角和身体旋转角度的区别

值得注意的是,关于动物的路径整合研究在正式的测试之前往往会安排一个学习阶段,使动物有机会熟悉实验的设置和任务的要求。这样的研究设计在测量动物返回起点的表现之余,也可以测量它们在一般性空间学习任务中的表现,即空间学习能力。而在人类的路径完成任务实验研究中,尽管也会安排练习阶段令被试熟悉任务,但往往只关注正式的测试,而不再报告学习任务的过程。

关于人类路径整合能力的研究,早期主要以视力受损者或是蒙住眼睛的健康成人为研究对象。这些研究关注的是没有视觉信息条件下的路径整合,也就是非视觉路径整合(nonvisual path integration)。一般来说,实验员会引导被试在外出路径上行进,然后再让他们自行直线返回外出路径的起点,在整个过程中不提供能够辅助他们进行领航的信息。在这样的实验过程中,被试就会直接表现出他们是如何通过整合自身运动信息来认识外出路径起点和终点之间的空间关系的。这种路径整合任务也有其他一些变式。例如,在外出路径的终点上,只让被试指出起点的方位,也就是只做出方向反应,而不需要做出距离反应,也不需要真的返回起点。此外,近年来虚拟现实在研究中的发展与应用,使研究者可以研究视力(或矫正视力)正常的人群依赖关于自身运动的视觉信息所进行的路径整合,也就是视觉路径整合(visual path integration)。在这类研究中,研究者可以严格地控制环境信息,也可以使用更复杂的外出路径。

当然,除了路径完成任务可以直接测量人的路径整合能力之外,也有其他一些实验任务可以测量人的路径整合能力。例如,研究者让被试先预览一个目标位置,再蒙住被试的眼睛,让他们自行走到这个位置。再如,研究者也可以要求被试指出在行进过程中经过的一些位置相对于起点的空间关系,而且同时关注训练阶段和测试阶段。在训练阶段,实验员会引导被试从起点开始行进到多个靶子位置,学习它们之间的空间关系。在测试阶段,实验员将被试引导到一个靶子位置,让他指出(或直接走到)起点或其他靶子。

无论是采用哪种实验任务测量人的路径整合能力,这项能力最根本的基础始终是对自身运动的感知。那么,人可以通过哪些信息来知觉自身的运动呢?我将在本书第二章论及这个问题。

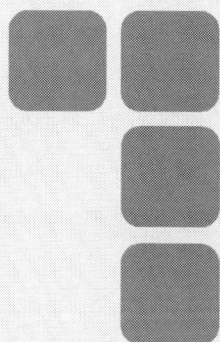

第二章

人类路径整合的信息基础

在路径整合中,巡航者通过整合自身运动的速度和加速度等信息来估计当前的位置和朝向。关于自身运动的信息可以是来自身体内部的内源性信息,如前庭觉、本体觉、传出指令的副本等;也可以是来自身体外部的外源性信息,如光流;还可以是内源性信息和外源性信息的混合。关于人类路径整合能力的研究,早期主要以视力受损者或是蒙住眼睛的健康成人为研究对象,关注的是以内源性自身运动信息为基础的非视觉路径整合。近年来,虚拟现实在人类路径整合研究中的应用,使研究者得以研究以外源性自身运动信息为基础的视觉路径整合,或是混合使用了内源性和外源性视觉信息的路径整合。

将非视觉路径整合与视觉路径整合进行对比,我们可以比较内源性与外源性信息在人类路径整合中的作用。在严格控制的前提下,我们还可以设计不同的实验条件,令被试以走路、坐在轮椅上由实验员推行等不同的运动形式沿着外出路径行进,检验移动(locomotion)的模式对路径整合的影响,比较不同类型的内源性自身运动信息在人类路径整合中的角色。本章分为两节,分别介绍非视觉路径整合和视觉路径整合,并讨论移动的模式对每一种路径整合的影响。

第一节　非视觉路径整合

在具体介绍关于非视觉路径整合的研究成果之前,值得一提的是美国著名的行为地理学家雷金纳德·高雷奇(Reginald Golledge)。行为地理学是应用地理学的一个分支,受到行为科学、心理学、社会学、人类学、哲学的影响,主要研究人类群体在地理环境下的行为和决策,并探讨其中的影响因素,包括人的心理因素和地理因素等的影响。高雷奇曾是美国加州大学圣巴巴拉分校(University of California, Santa Barbara, UCSB)的地理学教授,也是行为地理学的先驱。

在 20 世纪 70 年代,行为地理学逐渐分化为人类学和分析学两个学派,高雷奇是后者中的学术领袖,成就卓越。然而,命运多舛,高雷奇在 47 岁时失明了。他并没有因此放弃学术研究,而是将研究的重点转为残障人士的地理行为。他与两位著名心理学家杰克·卢米斯(Jack Loomis)和罗伯塔·克莱兹基(Roberta Klatzky)合作,为视力受损者开发了基于全球定位系统的 UCSB 个人导航系统。[①] 1993 年,他们首次在公众面前演示了这个系统的雏形。这个系统一开始是放在背包中,后来则变成了戴在手腕上的可穿戴设备,通过语音和盲文为使用者提供引导言语及环境信息。

但是,就如同驾驶员希望从导航系统中直接获得图形信息一样,视力受损的使用者也想直接获得关于环境的知觉信息。卢米斯、克莱兹基、高雷奇的研究团队发现,人在没有直接知觉信息的时候可以利用声响提示或使用空间语言(例如,两点钟方向距离 4.88 米处)的语音提示来学习物体的位置,并在运动中不断更新对这些物体位置的表征。[②] 后来,这套系统又发展出不同类型的空间显示方式,例如通过耳机向使用者提供关于环境位置的声音提示。路线中的一些重要的元素,如该拐弯的地方或是使用者可能感兴趣的地点,它们的位置被转换为合成的语音,并通过不同方向和位置的声音呈现。随着技术的发展,他们也设计了触觉界面。使用者手中持有一个手柄,上面附有电子指南针、振荡器及扬声器。当使用者的手指向计算机数

① Loomis, J. M., Golledge, R. G., & Klatzky, R. L. (2001). GPS-based navigation system for the visually impaired. In W. Barfield & T. Gaudell (Eds.), *Fundamentals of wearable computers and augmented reality* (pp. 429-446). Mahwah, NJ: Lawrence Erlbaum Associates.

② Loomis, J. M., Lippa, Y., Klatzky, R. L., & Golledge, R. G. (2002). Spatial updating of locations specified by 3-D sound and spatial language. *Journal of Experimental Psychology: Learning, Memory, and Cognition*, 28(2), 335-345.

据库中的位置时,使用者会听到滴声提醒或感到振动,合成的声音也会提供语音指导。这些空间呈现方式都能提供有效的路线引导,比单纯的语言引导要求的认知负荷更低,也受到了视觉受损者的欢迎。

卢米斯、克莱兹基、高雷奇等人在 20 世纪 90 年代进行的一系列非视觉路径整合研究,既是这个领域最早的研究之一,也是上述这个关于视觉受损者空间能力的大型研究项目的重要组成部分。他们关于非视觉路径整合的研究,为人们理解盲人如何进行空间巡航提供了宝贵的实验证据,是盲人个人导航系统设计的基础。当缺乏视觉线索时,前庭觉、本体觉等体感信息就成为感知自身运动的关键。

一、内源性自身运动信息

你正在阅读这本书,如果你愿意尝试一下,请保持书不动而晃动一下你的头,上下或前后晃动都可以。当你晃动你的头时,你还能继续阅读吗?

事实上,当人的头部移动时,前庭器官会检测头部的运动,并引导眼睛进行补偿性运动。例如,头向左移,则眼向右移,反之亦然。人的前庭系统是人体平衡系统的重要组成部分,前庭觉也常常被称为平衡觉。人的前庭器官位于颞骨内的内耳迷路内,包括半规管、椭圆囊、球囊,是人对运动状态和头部空间位置的感受器。当人进行旋转或直线变速时,会刺激半规管或椭圆囊中的感受细胞;当人的头部位置相对地球引力作用方向发生变化时,会刺激球囊中的感受细胞。这些感受器接受刺激后,经前庭神经把信息传入相应的前庭神经核和小脑,与其他信息如视觉信息、本体觉信息整合加工后,再经过多条神经通路把信息传送到更高层次的中枢进行加工处理,或经过一定的神经通路传送到运动神经核而做出特异性或非特异性的反应。

因此,前庭系统令人在身体进行加速或减速时可以调整头部倾斜的位置以维持身体的平衡,并在人撞到东西或跌倒时即时反应、保护身体。人与人之间在前庭功能的敏感性上存在个体差异。如果人的前庭器官受到过度或时间过长的刺激,就可能出现恶心、呕吐、眩晕等反应。前庭系统提供的自身运动信息,主要是关于运动的加减速和旋转的信息。

人的本体觉指肌肉、肌腱、关节等运动器官在运动或静止的状态时产生的感觉。人的肌肉、肌腱、关节囊中分布有许多本体感受器（proprioceptor）。肌梭是与牵拉反应肌肉平行的感受器，感受肌肉的伸展和收缩；腱梭位于肌肉两端的肌腱中，发挥制动器作用以防止过度强烈的收缩，感受肌腱的伸展；关节感受器能感受关节韧带的运动。人在运动时，肌肉被牵拉或主动收缩与放松，刺激这些本体感受器，产生兴奋冲动并传到大脑皮层的运动感觉区，使人能够感知自己身体的空间位置、姿势、身体各部位的运动情况。正是由于本体觉的关键作用，人在闭着眼睛时也能感知身体各部分的位置，还能够完成穿衣、吃饭等任务。人的许多运动技能也是在本体觉的基础上才能形成的，因此经常接受体育训练会提高人的本体感受器的机能，也会提高对肌肉运动的分析能力和对动作时间的判断精确度。因此，人的本体觉也存在一定的个体差异。

在 20 世纪 90 年代进行的人类路径整合研究中，研究对象主要是视力受损者或是蒙住眼睛的健康成年人，主要关注以前庭觉、本体觉等体感信息为基础的非视觉路径整合。在排除了视觉线索的条件下，实验员会引导被试在外出路径上行走或是请他们坐在轮椅上并推着他们前进。当被试行走时，会依赖本体觉、前庭觉、传出指令的副本这些体感信息。当被试坐在轮椅上，由实验员推着轮椅前进时，就缺乏本体觉信息和传出指令的副本这些体感信息，而只可以获得前庭觉信息。耳石是控制人身体平衡的器官，在三个半规管内，对应着我们所处的三维空间。当人们头部移动时，耳石在球囊椭圆囊中，刺激三个半规管，使大脑感觉到了平衡。在实验中，当被试坐在轮椅上由实验员推动时，耳石信息对于被试感知自身运动非常关键。

M.珍妮·肖勒（M. Jeanne Sholl）于 1989 年最先比较了本体觉和前庭觉在非视觉路径整合中的作用。[①] 她的研究包括两个路径完成实验。在第一个实验中，实验员引导被试走完外出路径，并要求他们在到达外出路径的终点时指出起点的方向。实验中一共采用了 6 种外出路径，分别包括 2 个、

---

① Sholl, M. J. (1989). The relation between horizontality, rod-and-frame, and vestibular navigational performance. *Journal of Experimental Psychology*: *Learning*, *Memory*, *and Cognition*, 15(1), 110-125.

3 个或 4 个路段。实验结果表明,被试在路径完成任务中的表现高于机遇水平,即使对于包括 4 个路段的复杂外出路径也是如此。在第二个实验中,实验员用轮椅推着被试完成外出路径,在到达外出路径的终点时,任务要求被试指向起点的方向。实验结果表明,坐轮椅完成外出路径的被试在路径完成任务中的表现比那些自己走过外出路径的被试要差,而且这种差别随着外出路径中路段个数的增加而增加。

在克莱兹基等人于 1990 年发表的研究中,实验员将视力正常的被试的眼睛蒙住以排除视觉信息的作用,引导他们走完事先设计好的外出路径,然后再自行走回起点,即进行路径完成任务。[①] 这些事先设计好的外出路径一共有 12 种,其中 4 种外出路径最简单,只包含 1 个路段;另 4 种外出路径包含 2 个路段,意味着被试要完成前面提到过的三角形完成任务;最后 4 种外出路径最为复杂,每种外出路径包含 3 个路段。这些外出路径有不同的空间构型(configuration)。实验结果表明,在没有视觉信息的基础上,人们是能够进行路径整合的。当到达外出路径的终点时,人们能够在一定程度上估计出起点的空间位置。但是,这种非视觉路径整合并不是一个精确完美的过程,人们在返回起点时会产生误差。外出路径中包含的路段个数越多,误差越大。外出路径的大小比例对路径完成的误差没有显著的影响。但是,对于某些特殊的构型,例如同一外出路径内不相连的两个路段之间存在交叉,则会使人们进行路径完成的误差更大。

关于人类非视觉路径整合最具影响力的研究,莫过于卢米斯等人于 1993 年关于三角形完成任务的论文。[②] 参加实验的样本人群包括蒙住眼睛而无法使用视觉信息辅助空间巡航的视力正常的被试、先天失明的被试,以及因意外原因而后天失明的被试。在实验中,每位被试都手握手柄,由实验员引导着以正常的步速走完包括两个路段的外出路径,然后再自行走回外

---

① Klatzky, R. L., Loomis, J. M., Golledge, R. G., Cicinelli, J. G., Doherty, S., & Pellegrino, J. W. (1990). Acquisition of route and survey knowledge in the absence of vision. *Journal of Motor Behavior*, 22(1), 19-43.

② Loomis, J. M., Klatzky, R. L., Golledge, R. G., Cicinelli, J. G., Pellegrino, J. W., & Fry, P. A. (1993). Nonvisual navigation by blind and sighted: Assessment of path integration ability. *Journal of Experimental Psychology: General*, 122(1), 73-91.

出路径的起点。每位被试完成了 27 个试次,每次外出路径的构型都不相同。当到达外出路径的终点时,所有被试都能在一定程度上估计出起点的空间位置,但他们走回起点的表现也都是不完美的,存在误差。被试之间的个体差异比较明显,但是三组被试(蒙住眼睛的视力正常的被试、先天失明的被试、后天失明的被试)之间的差异在统计上并不显著。这样的研究结果一方面说明,视力受损者的空间能力未必比视力正常的人差;另一方面也说明,人们在非视觉路径整合中存在误差。

为了解释上述这个非视觉路径整合研究中的系统误差,卢米斯和克莱兹基等多位学者组成的研究团队提出了编码误差模型(encoding-error model),分析路径整合中系统误差的可能来源。

二、编码误差模型

编码误差模型提出,人们进行路径完成任务,至少需要完成三个连续的阶段。[①] 第一个阶段是对外出路径的感觉和建构表征的过程,第二个阶段是对返回起点的路径进行计算的空间计算和推理过程,第三个阶段则是执行返回起点的行动过程。如图 2.1 所示,在一个典型的三角形完成任务中,被试从起点 H 开始,到第一个路段的终点 A 后转身沿着第二个路段前进,到达整个外出路径的终点 B 后试图直线返回起点 H,但实际到达的可能是一个新的地点 H_r。按照编码误差模型的分析,整个任务的过程就是这样的:被试在沿着外出路径前进的过程中感知经过的路段距离及在路段交叉点进行的旋转,并在完成了前进和旋转后分别对它们进行编码,建立对外出路径的内部表征;在到达终点 B 时计算到达起点 H 的返航路线;接着再执行这个路线。

这个模型之所以被称为"编码误差"模型,是因为它的核心假设是,系统误差只出现在人们对外出路径进行编码和表征的阶段。也就是说,人们在对距离和旋转角度分别进行编码时,都存在固定方向的、有偏差的倾向性,

① Fujita, N., Klatzky, R. L., Loomis, J. M., & Golledge, R. G. (1993). The encoding-error model of pathway completion without vision. *Geographical Analysis*, 25(4), 295-314.

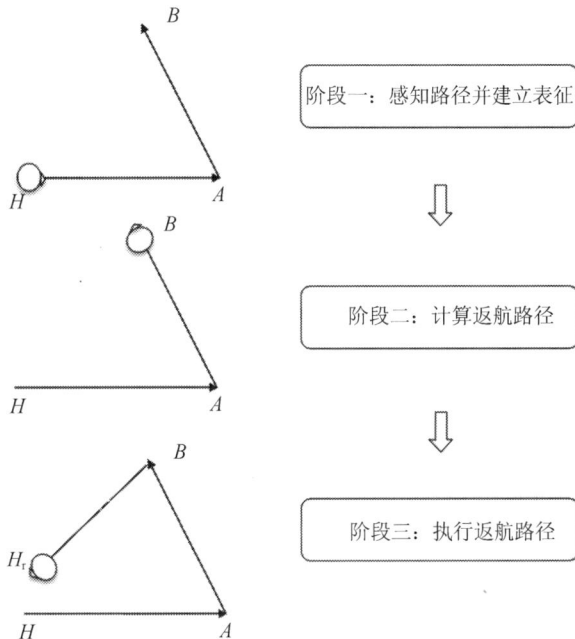

图 2.1　编码误差模型对路径完成任务的阶段划分示意图

总是高估或总是低估。而在任务的其他两个阶段,即空间推理返航路线和动作执行的阶段,出现的误差则是随机误差。具体而言,对于编码过程中产生的系统误差,这个模型还有另外三个基本假设。第一个假设是,同一个距离和角度总是被同样地编码。例如,在一个包含 3 个路段的外出路径中,第一段和第二段都长 3 米,那它们都被编码为同样的距离;如果第一个和第二个夹角都是 80°,那它们也都被编码为同样的角度。第二个假设是,对外出路径的编码和对返回起点路径的计算都符合几何公理。第三个假设是,这个模型不考虑人在直线返回起点的过程中对返航路线的编码误差。

　　谈到对平动距离和旋转角度的编码误差,我们可能会凭直觉想到,难道没有更为直接的方法进行测量吗?为什么一定要在如此多的限制条件下建立一个复杂的数学模型去推算对一段距离或一个旋转角度的编码误差呢?例如,我们完全可以设计一种路径再现任务(path reproduction task)。在实验中,先引导被试走过一定的距离(c)或转过一定的角度(β),再让他们自行走出同样的距离(c_r)或转过同样的角度(β_r)。将他们的反应与标准刺激分别进行比较(c_r和c，β_r和β），我们不就可以得出他们对距离和旋转的编码误差了吗？

这的确是一种很直接的测量方法。但克莱兹基等人提出，这样的测量方法不一定能十分准确地测量人们在路径完成任务中的编码误差。[①] 在上述的路径再现任务中，被试其实可以通过复制自己的动作轨迹来完成任务的要求，即只是记住自己的动作，而不是对距离或角度进行编码。但是，这种动作的"复制"在路径完成任务中恐怕是无法实现的。在路径完成任务中，被试从外出路径的终点返回起点的路径是他们自行走出的，而不能沿着原来的外出路径返回。此外，在路径再现任务中，反应执行阶段的编码误差也有可能掩盖住原来的编码误差。例如，如果被试走过一段 3 米的距离并认为自己走的是 4 米，那么再现这个距离时，他们也有可能走过 3 米的距离并认为自己走的是 4 米。因此，即使被试在路径再现任务中有非常理想的表现，也无法证明他没有编码误差。

编码误差模型使用模型拟合的方法去推导编码误差。研究者首先假设这个模型是有效的，那么在一个三角形完成任务中编码误差导致的结果则如图 2.2 所示。图中的外出路径包含两个路段（从 H 到 A 和从 A 到 B）。被试从起点 H 出发后经过一段距离 a 后到达 A 点，转一个角度 α 后，继续前进一段距离 b 后到达终点 B。也就是说，如果要直接从终点 B 回到起点 H，正确的做法应该是在 B 点转 β 度后行进一段距离 c。但是，在被试的内部表征中，他从起点 H 出发后，经过一段距离 a' 到达 A' 点，转一个角度 α' 后，继续前进到达终点 B'。由于编码误差模型假设在空间推理和反应执行中没有出现系统误差，所以意味着被试会做出一个方向反应 β' 和距离反应 c'。因此，当我们观察到被试在 B 点做出一个方向反应 β_r 和一个距离反应 c_r 并最终到达一个新的地点 H_r 时，编码误差模型预测两种方向反应 β_r 和 β' 应是相同的，而两种距离反应 c_r 和 c' 也应是相同的。也就是说，图中有两个参数 β' 和 c' 是观测到的、已知的，而三个参数 a'、b' 和 α' 则是不能直接观测到的、未知的。

[①] Klatzky, R. L., Loomis, J. M., & Golledge, R. G. (1997). Encoding spatial representations through nonvisually guided locomotion: Tests of human path integration. In D. Medin (Ed.), *The psychology of learning and motivation* (Vol. 37, pp. 41-84). San Diego: Academic Press.

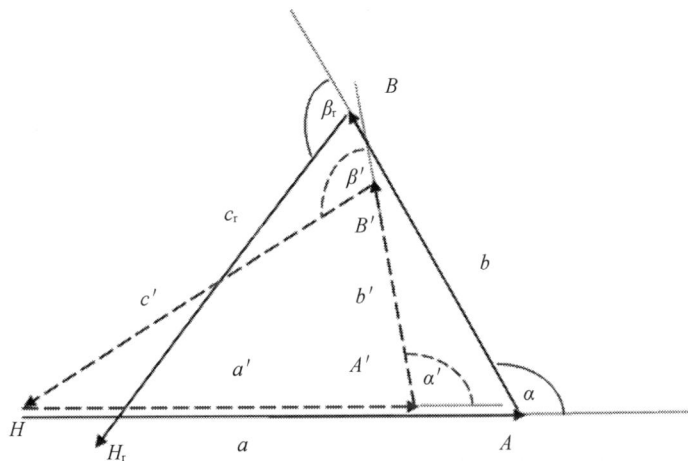

图 2.2　编码误差模型示意图

那么,应该如何推导出这三个未知变量 a'、b'、和 α' 呢?根据三角学原理,在 β' 和 c' 已知的情况下,不同的线段和角度的编码方程,会导致不同的答案。卢米斯和克莱兹基的研究团队采用最小预测错误方差法找到了数据的最佳拟合方程。具体而言,他们利用不同的编码方程推导出了预测终点 H',并把预测终点 H' 与观测终点 H_r 之间的距离作为模型的预测误差。由于在研究中采用了多种外出路径,而且在每一种外出路径上测量了被试的路径完成表现,因此他们把不同外出路径的预测误差平方后相加求和。根据最小二乘法的原则,哪个编码方程推导出来的模型预测平方和最小,哪个方程就提供了最佳拟合。当然,如果要用编码误差模型去拟合研究数据,还需要一个基本假设,即被试实际返回终点的行为稳定地体现了他们的内在表征。也就是说,被试实际做出的距离和方向反应可以用来作为对 c' 和 β' 的有效估计并计算最佳拟合的编码方程。对于卢米斯等人 1993 年的研究,编码误差模型计算出来的距离和角度的编码方程为

$$编码角度 = 0.48 \times 实际角度 + 50°$$
$$编码距离 = 0.6 \times 实际距离 + 1.2 米$$

研究者使用模型拟合得出的编码方程可以计算出每个路段的编码长度,及每个角度的编码角度,预测出被试会做出的方向反应和距离反应,并

预测距离误差和角度误差。对于外出路径中路段个数较少的非视觉路径整合而言,编码误差模型预测的距离误差和角度误差与被试实际表现出的误差是高度相关的,而模型预测被试会到达的终点与他们实际到达的终点也是非常接近的。这样的结果说明,编码误差模型能够比较好地解释基于较简单的外出路径的非视觉路径整合中的系统误差。[①] 但是,法国学者帕特里克·佩吕什(Patrick Péruch)与合作者采用桌面式虚拟现实工具来研究视觉路径整合时,发现根据编码误差模型的模型拟合方法得到的距离和角度的编码方程是非线性的。[②]

一种可能性是,在虚拟现实中只以视觉信息为基础进行空间推理和计算是非常困难的。即使拥有非常准确的内在表征,也很难有效地计算出返回起点的路径。因此,对于视觉路径整合而言,编码误差模型的一些基本假设可能难以成立。也就是说,编码误差模型可能仅适用于以体感信息为基础的非视觉路径整合。另一种可能性是,非视觉路径整合与视觉路径整合的信息基础完全不同,两者的作用机理之间存在重要的差别。那么,视觉路径整合又是如何进行的呢?

第二节　视觉路径整合

美国实验心理学家詹姆士·吉布森(James Gibson)在认知心理学界尤其是视知觉研究领域声名显赫,是在 20 世纪被引用最多的心理学家之一。他不同意行为学派心理学家用刺激-反应的模型来解释人的知觉,而提出用

[①] Loomis, J. M., Klatzky, R. L., Golledge, R. G., & Philbeck, J. W. (1999). Human navigation by path integration. In R. Golledge (Ed.), *Wayfinding behavior: cognitive mapping and other spatial processes* (pp. 125-151). Baltimore: Johns Hopkins University Press.

[②] Péruch, P., May, M., & Wartenberg, F. (1997). Homing in virtual environments: Effect of field of view and path layout. *Perception*, *26*(3), 301-311.

生态学的方法研究人的视知觉,深刻地影响了后人的研究。[1] 吉布森指出,当人或动物运动时,外界环境投射到视网膜上的图像也会相应发生许多动态变化,而这些变化提供了许多关于周围环境的信息。这种由观察者自身的运动导致的视网膜图像变化,被称为光流。

光流包括整个视野内所有景物的运动。如图 2.3 所示,光流信息可分为平动(所有点运动速度相同)、旋转(随机点的运动速度与距离刺激中心的

箭头表示随机点的运动方向, 长度表示运动的速度。

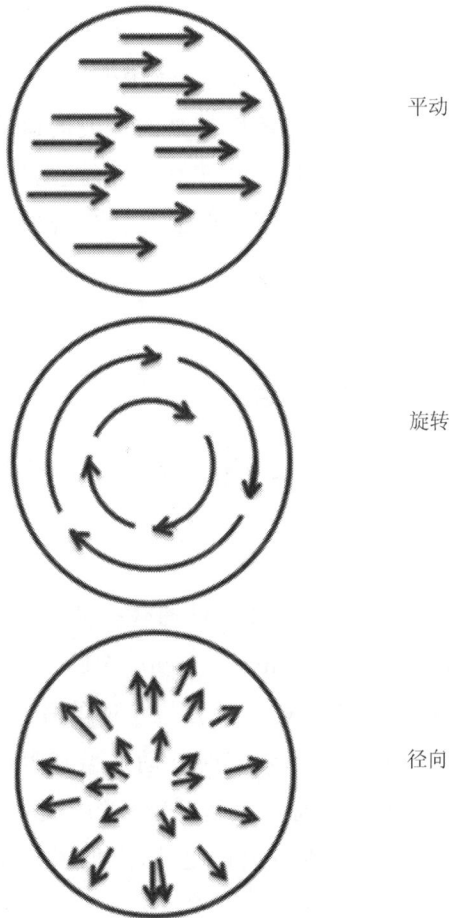

平动

旋转

径向

图 2.3 光流的三种基本成分示意图

① Gibson, J. J. (1950). *Perception of the visual world*. Boston: Houghton Mifflin.

距离成正比）、径向（随机点的运动速度与距离刺激中心的距离成正比）。这三种基本成分，分别对应人的头部转动、眼动、身体前进或后退时周围环境在视网膜上像的运动。光流的运动模式随时间发生变化，便于人判断自身运动的方向，估计自身运动的距离。当人的身体做直线运动且保持眼、头、身体相对静止时，呈现在视网膜上的运动图像是放射状的，中心点就是人自身运动的方向。但是，仅凭光流信息，比较难以判断前进的方向。[①]

人类神经系统处理自身运动信息的脑区主要是位于顶叶的内上颞区（medial superior temporal sulcus）和顶内沟腹侧区（ventral intraparietal area）。[②] 音流（acoustic flow）是从光流这个术语演绎而来的概念，指的是人与周围环境发生相对位移时，周围环境带来的声波的运动模式。音流与光流一样，都可以帮助人们知觉自身运动。但是目前已有的人类路径整合研究关注更多的还是光流信息。在研究视觉路径整合时，虚拟现实（virtual reality，VR）是非常有力的研究工具。

一、作为研究工具的虚拟现实

虚拟现实是通过计算机及相关技术生成的与真实环境相似的数字化环境，通过交互设备来进行信息传递。虚拟现实技术以 OpenGL、VRML 等计算机语言为基础，集计算机图形技术、仿真技术、显示技术、传感技术、网络技术、人体运动跟踪技术、实时人体运动捕获技术为一体。它所产生的虚拟现实，又称作虚拟环境（virtual environment，VE）。在心理学研究中，虚拟现实这个术语则一般被用来描述由计算机生成的具有临场感（presence）的三维空间的虚拟世界，并与使用者实时互动。当使用者的位置发生变化时，计算机还可立即进行复杂的运算并传回精确的影像，令使用者产生身临其境的感觉。除了对真实世界进行模拟之外，虚拟现实技术还可以生成在

---

① 李宝旺,徐颖,李兵,刁云程,2002.光流信息加工的神经基础.生理科学进展, *33*（4）,317-321.

② 张弢,李胜光,2011.自身运动认知的神经机制. 心理科学进展,*19*（10）,1405-1416.

生活中难以实现或根本无法存在的世界,充分发挥人类的想象力。简而言之,虚拟现实具有沉浸性(immersion)、交互性(interactivity)和构想性(imagination)三个特性,一般称为 3I 特性。

常见的虚拟现实系统按照沉浸性从低到高可以分为桌面式、沉浸式、分布交互式等多种类型。

首先,桌面式虚拟现实(desktop VR)系统利用个人计算机进行仿真模拟,使用者通过计算机屏幕来观察虚拟世界,并使用鼠标、手柄等与之进行互动。这种系统成本相对较低,对计算机的性能要求也相对较低,应用广泛,但是它所提供的沉浸性也相对较低。

其次,沉浸式虚拟现实系统暂时封闭了使用者对外部真实世界的感知,利用头盔式或投影式显示器向使用者提供视觉、听觉等多感官的逼真模拟,令他们产生身临其境的感觉。在头盔显示型虚拟现实(head mounted display VR)系统中,使用者戴上头盔后,系统将根据他的头部转动而产生有立体感的三维空间图像。这种虚拟现实系统比桌面式虚拟现实系统提供了更高的沉浸性。传统的头盔式虚拟现实系统采用有线式头盔,而近年来更加轻便的可移动式头盔也引起了越来越多的关注。

投影式的虚拟现实系统包括虚拟现实单元(virtual reality cave)和虚拟现实立方体(virtual reality cube)系统等,主要通过投影系统,围绕着使用者呈现多个图像画面,并以多个投影面组成一个虚拟空间。其中虚拟现实单元系统一般是由前、左、右和地面这四个投影面组成像"洞穴"一样的半个立方体,而虚拟现实立方体系统是由前、后、左、右、上(天花板)、下(地面)这六个投影面组成一个立方体。使用者戴上液晶立体眼镜和头部跟踪设备,计算机系统便可根据他的位置实时计算并呈现每个投影面的立体透视图像。使用者手握传感器,与虚拟环境进行互动。投影式的虚拟现实系统提供了较高的沉浸性,但是造价昂贵,而且需要长期的技术支持,因此目前的应用并不广泛。

第三,分布交互式虚拟现实环境(distributed interactive VE,DIVE)通过计算机网络把多个使用者连接到一起,共同体验虚拟世界。这种虚拟现实系统在军事领域的应用尤其令人瞩目。例如,美国国防部推行的作战仿真互联网,可使不同地区同时进行虚拟仿真的交互式模拟演练。[①]

在虚拟现实技术出现之前,真实与虚拟之间的区别似乎是较为清楚的,现实为真,虚拟为假。但是,虚拟现实技术的出现令人不得不重新思考这两者的区别与联系。保罗·米尔格拉姆(Paul Milgram)等人首先提出了虚拟连续体(virtual continuum)的概念。[②] 他们认为,现实和虚拟其实是一个连续体的两个极端状态,而这两个极端之间还存在现实与虚拟的混合状态,即混合现实。混合现实由现实与虚拟共同组成:如果是真实的环境加上虚拟的物体,称为增强现实;如果是虚拟的环境加上真实的物体,称为增强虚拟。增强现实(augmented reality)系统就是对这一概念的应用。这种系统产生虚拟的物体并把它呈现在真实的世界中。虚拟与现实融为一体,使用者可以感知真实的世界,但是又可感知作为真实世界的延伸的虚拟物体。也就是说,这种虚拟现实系统,不仅仿真模拟了现实世界,还增强了使用者对现实世界的感知。

使用虚拟现实工具可以令研究者严格地控制环境中的视觉线索,有效地排除路标等环境信息,而只提供光流信息令被试感知自身运动,并以此为基础进行路径整合。不同的研究者可能会采用桌面式、头盔显示式、虚拟现实立方体等不同的虚拟现实系统。但是,无论采用怎样的虚拟现实系统,人在虚拟环境中的移动模式其实只有两种最基本的类型,即物理运动和虚拟运动。

虚拟世界中的物理运动,指的是使用者确实移动了身体,而虚拟现实系统会捕捉人的运动,呈现的虚拟场景也相应地发生变化。尽管由于传感追踪元件和显示技术的限制,虚拟系统的显示可能会有延迟,但总的来说还是会令使用者体验到自身运动导致了视觉场景的变化。虚拟运动指的是使用者在保持身体不变的情况下,通过操纵杆或是计算机键盘来控制自己在虚拟世界中的运动。当研究者安排被试进行物理运动时,被试

---

① 赵沁平,2009.虚拟现实综述.中国科学(F辑:信息科学),39(1),2-46.

② Milgram,P.,Takemura,H.,Utsumi,A.,& Kishino,F.(1994).Augmented reality:A class of displays on the reality-virtuality continuum. *Proceedings of SPIE* (Vol. 2531):*Telemanipulator and Telepresence Technologies*,282-292.

可以从光流信息和体感信息两方面来感知自身运动;而进行虚拟运动时,被试只能依靠光流信息来感知自身的运动。值得注意的是,操纵杆的基本作用原理是将手部的物理动作(如向前、后、左、右)转换成计算机能够处理的电子信息,而手部的动作本身也能给人提供一定的本体觉信息。当然,手部运动和身体运动提供的本体觉信息具有很大的差别。研究者可能会将这种来自手部的本体觉信息忽略不计,或改为其他反应方式(如键盘按键)。

在使用虚拟现实时,研究者也可以将真实运动与虚拟运动混合起来。如本书第一章所提到的,人的运动可以分为在同一个位置上线性的位移,即平动,与原地发生的旋转,即转动。例如,沿着一条走廊直线前进,就是平动;到达走廊的尽头拐弯并面向另一条走廊,则需要进行转动。因此,虚拟世界中的运动又有四种不同的形式。如表2.1所示,当被试确实行走并转动身体时,同时进行了物理的平动和转动;当他们完全依靠操纵杆或键盘来完成在虚拟世界中的直线前进和转动时,则同时进行了虚拟的平动和转动。如果将物理运动和虚拟运动混合起来,被试也可以真实地行走但用操纵杆或键盘完成转动,或真实地转动身体但用操纵杆或键盘完成直线前进。运动的形式是物理的还是虚拟的,决定了被试可以获得的自身运动信息的类型。

表 2.1　虚拟环境中的运动形式

运动形式	平动	转动	主要适用虚拟设备
行走并转动身体	物理	物理	头盔式、大型沉浸式
用操纵杆或键盘完成直线前进和转动	虚拟	虚拟	桌面式
用操纵杆或键盘完成直线前进,但转动身体	虚拟	物理	头盔式、大型沉浸式
行走,但用操纵杆或键盘完成转动	物理	虚拟	一般不建议使用

当然,具体选择哪种运动形式,可能会受到设备和实验场地的影响。对于桌面式虚拟现实而言,平动和转动都只能通过虚拟运动来进行。对于头盔式和大型沉浸式虚拟现实(如虚拟单元、虚拟立方体等)而言,从理论上来说平动和转动都可以通过物理旋转来实现。但是,由于在大型虚拟现实系统中空间有限,所以研究者有可能选择虚拟运动作为平动的形式。对于传

统的有线式头盔式虚拟现实来说，由于头盔与设备之间的连线长度有限，研究者也有可能会选择用虚拟运动来实现平动。值得注意的是，物理的转动可能对于使用者的舒适感极为重要，长时间地佩戴头盔并进行虚拟的转动有可能会引起使用者的眩晕和不适。因此，除非是在使用桌面式虚拟现实系统，否则研究者一般会尽量避免虚拟的旋转。

二、人类视觉路径整合

今天的虚拟现实技术已经可以通过计算机显示器或头盔式显示器来呈现视觉信息，通过耳机来呈现听觉信息，通过数据手套来呈现触觉信息，以及通过佩戴项圈来呈现嗅觉信息等。不过，在人类路径整合的研究之中，最常用的还是进行视觉信息的模拟。不同的研究者使用过桌面式、头盔显示式、虚拟现实立方体来研究人类路径整合。

除了虚拟环境中的不同运动模式之外，研究者也需要设计相应的虚拟场景来让被试进行路径完成任务。常用的虚拟场景主要包括开放式三维虚拟空间和走廊式迷宫两种。如图 2.4 所示，开放式三维虚拟空间的场景由许多随机的斑点或斑纹组成，由一道水平线把虚拟显示分为上、下两个区域，分别模拟一大片开阔的地面与地面上的空间。

水平线

图 2.4 开放式三维虚拟空间的简略示意图

根据不同的研究目的，研究者可以将地上空间架构为与地面平行的上层空间或是"四周"的墙面，也可以选择在哪部分空间呈现模拟的光流（只在地面、只在上层空间,还是两者都呈现)。一般而言,地面上呈现的光流信息便于被试更准确地估计距离,而四周墙上的光流信息更利于被试估计旋转的角度。如果选择不呈现光流信息,那这部分空间也可以统一用灰色或黑色显示。此外,研究者也可以选择给这个开放的空间加上外围墙,但围墙的高度应令被试无法看到墙外。

在采用这种开放式三维虚拟空间研究视觉路径整合时,研究者往往需要呈现特定的视觉标记,引导被试完成外出路径的行程。例如,研究者可能在试次的一开始设计呈现一个物体或光束,用来标记外出路径中第一个路段的终点。实验任务要求被试向着这个标记直线行进以完成第一个路段的行程,而这个标记也会在被试到达时消失,以免成为路标而诱导被试采用其他类型的空间巡航。然后,虚拟环境中会出现另一个物体或光束,用来标记下一个路段的终点。任务要求被试转向这个标记直线前进,完成下面一个路段的行程。如此反复直至完成整个外出路径的行程。

在走廊式迷宫之中,整个空间由多条连接的走廊组成,每条走廊就是路径完成任务的外出路径中的一个路段,两条走廊之间的连接点就是外出路径中被试需要进行转动的拐点。如图 2.5 所示,研究者一般一次只呈现一条走廊[图 2.5(a)],待被试行进到这条走廊的终点时才能看到下一条走廊[图 2.5(b)]。与前面提到的开放式三维虚拟空间相比,研究者可以在走廊的地面、天花板、两侧墙壁这四个平面都呈现光流信息,而走廊的末端墙面也能为被试估计距离提供视觉信息。

关于运动知觉的研究表明,人们可以仅凭光流信息就比较准确地估计角度或位置的移动。[①] 在没有体感信息的情况下,人们只要经过少量的练习就可以仅仅依靠光流信息进行路径整合。换言之,人们仅凭虚拟的平动和转动而完成了外出路径的行程之后,就能比较好地估计起点的方向和位置。尽管他们的身体是保持静止不动的,但是这些光流信息却令他们感到自己仿佛在运动,而且能够根据这种模拟的自身运动进行路径整合。例如,

---

① Bremmer, F., & Lappe, M. (1999). The use of optical velocities for distance discrimination and reproduction during visually simulated self motion. *Experimental Brain Research*, *127*(1), 33-42.

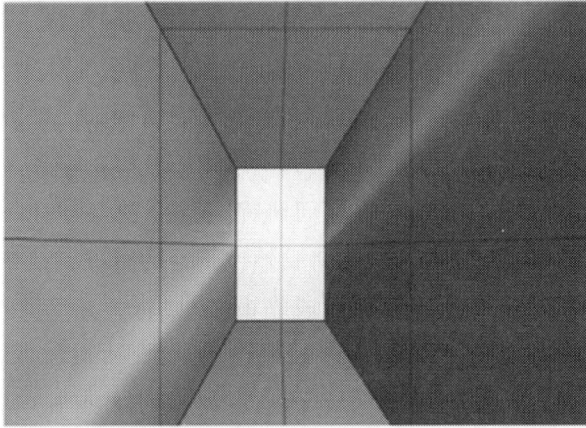

(a)

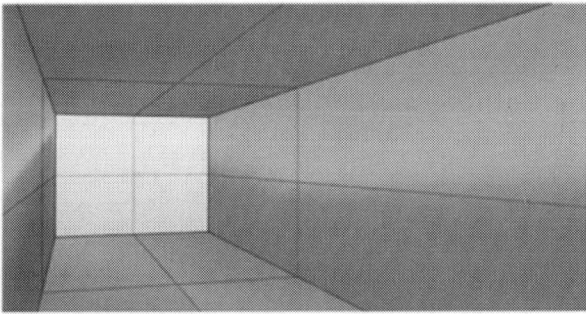

(b)

图 2.5　走廊式迷宫的简略示意图

在一项研究中,研究者使用直径为 7 米、高为 3.15 米的半圆形屏幕呈现开放式的三维虚拟空间,并使用两个路段的外出路径。[①] 所有外出路径都具有等腰三角形的构型,即每个外出路径内的两个路段长度相等,但不同的外出路径路段长度及路段夹角则是不同的。实验结果表明,被试在经过一些练习后,在保持身体不动的情况下也能仅凭虚拟场景提供的光流信息进行路径整合。当然,他们在返回起点时仍然存在一定的误差。实际上,人们在

---

① Riecke, B. E., van Veen, H. A. H. C., & Bülthoff, H. H. (2002). Visual homing is possible without landmarks: A path integration study in Virtual Reality. *Presence: Teleoperators and Virtual Environments*, 11(5), 443-473.

虚拟世界进行视觉路径整合时，也存在误差累积的情况。[1]

尽管人们可以仅凭光流进行路径整合，但是当光流和体感信息同时存在并且都可以使用的时候，体感信息发挥了更重要的作用。一项研究通过一系列实验比较了光流和体感信息在人类路径整合中的作用。[2] 研究者采用头盔显示式虚拟现实系统呈现三角形完成任务。实验室环境比较宽敞（12 米长、12 米宽），令研究者可以设计不同的实验条件。被试可以保持不动，也可以戴着头盔在室内走动并由虚拟现实系统跟踪记录他们的运动。当被试保持身体不动而只依赖虚拟场景提供的光流信息知觉自身运动时，他们可以进行路径整合。光流信息丰富时（地面和上层空间两个区域均呈现光流），被试的路径完成表现比光流信息贫乏时（地面和上层空间中只有一个区域呈现光流）更好。但是，当被试在实验中自由走动时，他们可以同时通过光流和体感信息来知觉自己的平动和转动。在这种情况下，无论实验中提供丰富的、贫乏的光流信息，还是几乎没有光流信息，对被试的路径完成表现没有显著的影响。

我们采用走廊式迷宫和虚拟现实立方体中进行的一系列研究表明，人也可以混合使用体感信息和光流信息进行路径整合。[3] 如前所述，虚拟现实立方体是由 6 个显示屏幕组成的封闭空间。每个屏幕有 3 米长、3 米宽，而且其中一个屏幕可以拉开，供被试和实验员进出。换言之，当被试进入虚拟现实立方体，就好像进入了一个 3 米长、3 米宽、3 米高的房间，但是这个房间的地板、天花板及四面的墙壁都是电子显示屏。在每一个屏幕的背后都有一个投影仪，将场景投射到屏幕上。这样的虚拟世界为被试提供了很高的沉浸感，且允许被试在立方体内自由行动。

在实验中，我们采取虚拟平动和真实转动相结合的方式。具体来说，我们请被试保持身体静止不动，通过按手柄上的键在虚拟走廊中向前行进，通

① Ellmore，T. M.，& McNaughton，B. L. (2004). Human path integration by optic flow. *Spatial Cognition and Computation*，4(3)，255-272.

② Kearns，M. J.，Warren，W. H.，Duchon，A. P.，& Tarr，M. J. (2002). Path integration from optic flow and body senses in a homing task. *Perception*，31(3)，349-374.

③ Wan，X.，Wang，R. F.，& Crowell，J. A. (2013). Effects of basic path properties on human path integration. *Spatial Cognition and Computation*，13(1)，79-101.

过光流获得与行进距离有关的信息。当被试到达两条走廊的交叉点时,我们请他们旋转身体面向下一条走廊,因此他们可以同时通过光流和体感信息来感知自身的旋转。在这样的实验情景中,被试可以在包含 2 个到 12 个路段的外出路径上进行路径完成任务。当外出路径因包含的路段个数增多而变得非常复杂时,被试返回起点时存在的误差更大,但是成绩仍然是高于机遇水平的。这样的研究结果表明,人可以混合使用光流与体感信息,进行路径整合。

总而言之,人们既可以只依靠身体感觉提供的自身运动信息进行路径整合,也可以仅凭虚拟现实中呈现的模拟光流信息进行路径整合,还可以将两者混合使用,进行非常复杂的路径整合。无论是哪一种路径整合,人们在返回外出路径起点时总会出现一定的误差,说明人们的路径整合也可能受到误差累积的影响。那么,人们进行路径整合的心理机制究竟是怎样的呢?我将在本书第三章论及这个问题。

第三章

人类路径整合与空间更新

本书的前两章已经介绍了路径整合的基本概念,它是通过整合自身运动信息来进行空间巡航的过程。路径整合中,与自身运动有关的信息可以是内源性的,如前庭觉、本体觉、传出指令的副本等体感信息;也可以是外源性的,如光流;更可以是内源性和外源性信息的混合。那么,人们具体是如何进行路径整合的呢?透过现象看本质,我们也许可以把路径整合的加工过程理解为更新自身与起点之间的空间更新(spatial updating)过程。因此,人类路径整合与人对空间环境进行表征和更新的过程密不可分。本章的重点就是从人类路径整合与空间更新的关系来讨论人类路径整合的心理机制。

假如你正坐在一把椅子上阅读这本书,请你站起来,向左转身,然后再向前迈一步,而保持椅子的位置不动。这时,如果我请你再坐到原来那把椅子上,你会做出怎样的动作?显而易见的是,你不会认为椅子仍然在你的身后。如果你认为椅子仍然在你身后而坐下来,那你就会摔倒。你一定知道,当你做出以上一系列动作之后,你和椅子之间的空间关系已经改变了,椅子会在你的左后方。这也就是说你会跟踪记录你和椅子之间的空间关系,而这个过程就是空间更新。

第一节　空间更新的自动性与参照系

人在运动的过程中要依赖不同的空间线索更新自身与周围环境之间的空间关系。这种认知过程,心理学家们称之为空间更新。空间更新是人们日常生活中的重要活动,在我们与周围世界的互动中起到了关键作用。正是因为有空间更新，我们才能知觉到一个相对来说稳定的世界，才能在巡航中使用位置稳定不变的物体作为路标，也才能觉察到周围物体位置或朝向的改变。

有趣的是，空间更新不仅作用于真实的运动，也可以作用于想象的运动。例如，在上面的例子中，我请你从正在坐着的椅子上站起来、转身，并向前迈步。你在书中读到这样的指示，也许你确实站起来，做出了相应的动作；也许你仍然坐在那里，想象自己完成了这一系列动作。即使你只是想象一下自己完成了这一系列动作，其实你也能反应过来，在一系列动作之后椅子在你的左后方，对吗？这说明你是可以在想象的运动中更新你与周围物体之间的空间关系的，也就是对想象的运动进行了空间更新。

这种对想象空间的操作在日常生活中也并不罕见。例如，你也许曾接到过家人的电话，询问你从家到附近银行的路上的某个路口应该向左拐还是右拐。如果你要在不依赖地图等任何外在帮助的条件下回答这个问题，你就要想象自己站在那个路口，并根据家人描述的身体朝向信息，判断拐弯的方向是左还是右。再如，你可能到了工作单位的门口发现自己身上没有办公室钥匙，但是又不能确定自己究竟是把钥匙忘在家里了，还是遗失在路上了。于是，你可能会给家人打个电话，请他帮助查看一下，你的钥匙是否还在家中你常放钥匙的地方？这时，你就需要回忆家中主要物品的摆放位置，并根据家人所处的空间方位，指导他去找你的钥匙。这些都是对想象空间的操作。

如果你曾经对想象的运动进行过空间更新，就很有可能发现，对想象的运动进行空间更新，要比对真实的运动进行空间更新更加困难。空间认知领域的许多学者们都通过实验证明了这一点。在一项实验中，研究者蒙住被试的眼睛后让他们转动身体，或是让他们保持身体不动的同时想象自己转动了身体。[①] 实验结果表明，无论是真实运动还是想象运动，被试都可以在运动的过程中跟踪记录自身与周围靶子（target）物体之间的空间关系。

---

① Rieser, J. J. (1989). Access to knowledge of spatial structure at novel points of observation. *Journal of Experimental Psychology: Learning, Memory, and Cognition*, 15(6), 1157-1165.

但是,让运动后的被试指向这些靶子物体时,想象运动后的指向准确率比真实运动后低,而且想象的身体旋转的角度越大,指向的反应时也越长。这样的研究结果证明了人们可以对想象的运动进行空间更新,但是这样的空间更新比对真实运动进行更新更困难。

对此一种可能的解释是,如果要对想象的运动进行空间更新,需要人们付出额外的努力和认知资源。而当人们确实进行了运动时,空间更新看起来是一种"自动"发生的过程,不需要额外的努力,甚至有人直接将这种空间更新称为自动更新(automatic updating)。

一、空间更新的自动性

在现代心理学史中,有许多非常有趣又影响深远的实验,"看不见的大猩猩"就是其中令人十分震惊而难忘的一项研究。在实验中,研究者请被试观看一小段录像,并要求他们记忆录像中两队篮球队员中其中一队传球的次数。[①] 在两队队员比赛的过程中,一只(由人装扮的)大猩猩在画面中出现,走过人群,停下来对着镜头拍打自己的胸膛,然后再走开。观看结束后,研究者除了询问被试传球的次数之外,也询问他们是否看到任何"特别"的东西。令人震惊的是,大约一半的人都没有看见大猩猩!当然,如果让被试重新观看录像而且不再需要记住传球的次数,他们可以很容易地看到大猩猩。但是,当人们把注意力集中于计算传球的次数时,就有可能忽略另一些本来是显而易见的信息,即出现无意视盲(inattentional blindness)。"看不见的大猩猩"实验生动地说明了人的注意是具有选择性的,支持了2002年诺贝尔经济学奖获得者丹尼尔·卡尼曼(Daniel Kahneman)在职业生涯早期专注于视知觉与注意的研究时提出的资源限制理论。[②] 卡尼曼把人的注意看作一种认知资源,而人的认知资源总量是有限的。

---

① Simons, D. J., & Chabris, C. F. (1999). Gorillas in our midst: Sustained inattentional blindness for dynamic events. *Perception*, 28(9), 1059-1074.

② Kahneman, D. (1973). *Attention and effort*. Englewood Cliffs, NJ: Prentice Hall.

此外，美国科学院院士理查德·谢夫林（Richard Shiffrin）提出了双重加工理论。[1] 他认为人类的信息加工又可以分为自动加工（automatic processing）和控制加工（controlled processing）两种方式。其中，自动加工不需要有意的注意或是有意识的操作，不占用认知资源，也不影响同时进行的其他加工过程；而控制加工则受意识的控制，需要注意的参与，需要占用认知资源。例如，人们之所以能够一边听音乐一边开车，可能就是因为听音乐已经成为一种自动加工过程，不需要占用认知资源，使人还能继续集中注意力在开车这件事情上。而我们谈到空间更新是"自动的"，并不完全是从注意加工的角度来说的。实际上，空间更新的"自动性"至少有两层含义。

空间更新自动性的第一层含义与双重加工理论中的自动性含义相似，指空间更新是容易进行而不需要额外注意的。例如，当任务要求人们运动后指向周围的靶子物体时，他们的指向成绩受运动幅度的影响很小或几乎不受影响。[2] 这样的研究结果说明，人们的空间更新可以是非常有效、迅速而不需要付出额外努力的。空间更新甚至不一定要在注意力集中的条件下进行。美国伊利诺伊大学的王然潇（音译，Ranxiao Frances Wang）等人利用更新多重环境的任务对此进行了研究。[3] 在一项研究中，他们让被试在两个重叠的环境中进行空间更新，并研究他们在更新一个环境时是否也会自发地更新另一个环境。这里的两个重叠的环境，一个直接的、近处的环境是被试所在的实验室，而另一个间接的、远处的环境是实验室所处的校园。研究结果发现，当实验任务要求被试更新自身与间接的、远处的环境之间的空间关系（自己在校园中的方位和朝向）时，他们也会自发地对自己与直接的、近处的环境之间的空间关系（自己在现在这个房间内的方位和朝向）进行更新。在另一项研究中，王然潇则让被试同时在真实的和

[1] Shiffrin, R. M. & Schneider, W. (1977). Controlled and automatic human information processing: Ⅱ. Perceptual learning, automatic attending, and a general theory. *Psychological Review*, 84(2), 127-190.

[2] Wraga, M., Creem-Regehr, S. H., & Proffitt, D. R. (2004). Spatial updating of virtual displays during self- and display rotation. *Memory and Cognition*, 32(3), 399-415.

[3] Wang, R. F., & Brockmole, J. R. (2003). Simultaneous spatial updating in nested environments. *Psychonomic Bulletin and Review*, 10(4), 981-986.

想象的环境中进行更新。[1] 也就是说,实验任务要求实际身处于心理学实验室内的被试跟踪记录实验室和他自身之间的空间关系,也要求他想象自己身处于家中的厨房内并跟踪记录厨房与自己之间的空间关系。实验结果表明,当任务要求被试更新想象的环境时,他们也会自发地更新真实的环境。这一系列研究结果都说明了空间更新是不太费力就可以完成的,不一定需要清楚明确的指示或是集中注意力。

空间更新自动性的第二次层含义是指空间更新是自发的,人们甚至很难阻止它的发生。例如,在一项研究中,研究者先让被试转动他们的身体,然后测量他们对周围靶子物体的空间记忆。[2] 其中一种实验条件是,让被试忽略他们曾经转动过自己的身体这件事,而假装他们没有转动身体且仍是面朝原来的方向,然后指出靶子物体所在的方向。这个任务看起来似乎并不难,但是被试的指向反应准确率显著下降,反应时也显著增加了。这样的研究结果说明,当人们转动了他们的身体时,他们的空间更新也自发地进行了,他们现在持有的是周围的物体和当前的身体朝向之间的空间关系。抑制这种空间更新过程是很困难的。当人们的身体位置和朝向发生改变时,空间更新是自动进行、很难阻止的,甚至可能像是一种"强制"的更新。[3]

当然,也有研究表明空间更新并不总是自动的。一方面,注意的焦点和认知策略在一定条件下都有可能影响空间更新。在一项研究中,研究者让蒙住眼睛的被试指向靶子物体,发现他们在注意靶子时比注意路径时反应更快、更准确,说明注意的焦点对空间更新还是有一定的影响。[4] 另一方

---

① Wang, R. F. (2004). Between reality and imagination: When is spatial updating automatic? *Perception and Psychophysics*, 66(1), 68-76.

② Farrell, M. J., & Robertson, I. H. (1998). Mental rotation and automatic updating of body-centered spatial relationships. *Journal of Experimental Psychology: Learning, Memory, and Cognition*, 24(1), 227-233.

③ Riecke, B. E., Cunningham, D. W., & Bülthoff, H. H. (2007). Spatial updating in virtual reality: The sufficiency of visual information. *Psychological Research*, 71(3), 298-313.

④ Amorim, M.-A., Glasauer, S., Corpinot, K., & Berthoz, A. (1997). Updating an object's orientation and location during nonvisual navigation: A comparison between two processing modes. *Perception and Psychophysics*, 59(3), 404-418.

面,在多重环境中,对不同环境的空间更新也并不总是同时发生。例如,在上面提到的更新多重环境的研究中,被试更新了直接的、近处的环境时不会自发地更新间接的、远处的环境,更新真实环境时也不会自发地更新想象的环境。这些研究结果说明,周围环境的类型也可能影响空间更新的容易程度。换言之,空间更新并不总是容易进行的。

此外,虽然空间更新确实很难阻止,但这并不意味着我们完全无法阻止空间更新的发生。在特定的条件下空间更新是可以阻止的,影响的因素包括任务的要求、人的意识水平及反应的模式。例如,大卫·沃勒(David Waller)等人就在一项研究中通过指导语令被试成功地"忽略"了自己身体的旋转,消除了空间更新对空间记忆的影响。[①] 这项研究的主要目的是检验空间表征是否具有特定的优势朝向,即空间表征的朝向特异性(orientation specificity)。实验包括学习和测试两个阶段:学习阶段中,被试从一个朝向(orientation)学习包括四个关键位置的路径;测试阶段中,被试在面向或背对学习朝向的情况下,判断刚才学习过的关键位置之间的空间关系。如果被试在提取朝向与学习朝向一致时的成绩比两者相反时更好,则说明空间表征是依赖于朝向的,而学习朝向就是优势朝向;反之,如果被试在提取朝向与学习朝向一致和相反时成绩相当,则说明空间表征是独立于朝向的。在其中一个实验中,沃勒等人在测验开始前让所有被试都转动身体180°,令他们的身体朝向与学习朝向正好相反。然后,被试分为两组分别接受不同的指导语。一组被试被要求进行空间更新,实验结果表明空间更新令被试实际的身体朝向取代学习朝向,成为优势朝向;另一组被试被要求忽略自己身体的转动,实验结果表明他们学习的朝向仍然是优势朝向。也就是说,任务的要求在一定程度上抵消或阻止了"忽略组"被试的空间更新。

在研究者将虚拟现实技术大量应用于空间认知的研究之前,研究空间更新的常见实验范式是让被试学习环境(及环境中靶子物体的位置)后,蒙住他们的眼睛进行指向测试(指向靶子)或转向测试(旋转身体面向靶子)。

---

① Waller, D., Montello, D. R., Richardson, A. E., & Hegarty, M. (2002). Orientation specificity and spatial updating of memories for layouts. *Journal of Experimental Psychology: Learning, Memory, and Cognition, 28*(6), 1051-1063.

虚拟现实工具的应用则为空间更新研究提供了更为严格的实验控制和更多可供选择的实验范式。与真实世界中的空间类似,虚拟环境中的空间更新也很容易进行,而且难以阻止。[①] 但是,使用虚拟现实技术研究空间更新,也带来了一些新的问题。虚拟现实本身具有双重性,即知觉层次上的真实性与观念层次上的虚假性。一方面,虚拟现实工具提供逼真的知觉模拟,而且允许使用者与虚拟的环境和物体进行互动,使他们产生身临其境的沉浸感。另一方面,无论虚拟世界的知觉模拟多么逼真,使用者也知道眼前的一切都是假的。成语"眼见为实"中的"实"如果替代为虚拟现实,也就不一定成立了。虚拟世界兼具物理世界的"真"和想象世界的"假",这样的"真假"矛盾又会如何影响空间更新呢?

为了回答这个问题,我们进行了一项研究,检验人在重叠的真实环境和虚拟环境中如何进行空间更新。[②] 整个实验共分为五个阶段。在第一个阶段中,如图 3.1 所示,我们先让被试坐在实验室中央的转椅上,学习实验室中五个靶子物品(台灯、录像机、海报、门、柜子)的空间方位;然后让他们面向图 3.1 中标出的 A 方向并蒙住他们的眼睛,请他们指向各个靶子物品的方向,作为真实环境的前测成绩。在第二个阶段中,我们给被试戴上虚拟现实头盔,使他们感觉自己站在一个虚拟厨房的正中央,学习厨房中五个靶子物品(微波炉、炉子、水池、冰箱、桌子)的空间方位;再请他们坐在房间中央的转椅上面向 A 方向,并蒙住他们的眼睛进行指向测试,作为虚拟环境的前测成绩。在第三个阶段中,我们请一半被试转动椅子面向真实环境中的各个靶子物体,使他们对真实环境进行了空间更新;让另一半被试转动椅子面向虚拟环境中的各个物体,使他们对虚拟环境进行了更新。无论是对真实环境还是对虚拟环境进行更新,我们将最后一个靶子总是设计为海报或水池,使被试在第三阶段结束时身体朝向都是背对着图 3.1 中的 A 方向。在第四和第五个阶段中,我们请被试保持身体不动,然后分别指向真实和虚

① Riecke, B. E., von der Heyde, M., & Bülthoff, H. H. (2005). Visual cues can be sufficient for triggering automatic, reflex-like spatial updating. *ACM Transactions on Applied Perception*, 2(3), 183-215.

② Wan, X., Wang, R. F., & Crowell, J. A. (2009). Spatial updating in superimposed real and virtual environments. *Attention, Perception, and Psychophysics*, 71(1), 42-51.

拟环境中的一系列靶子物品,分别作为两种环境中的后测成绩。其中,在第三个阶段中对真实环境进行空间更新的被试在第四个阶段中对真实环境中的物体进行指向,在第五个阶段中再对虚拟环境中的物体进行指向;而在第三个阶段中对虚拟环境进行空间更新的被试在第四、第五个阶段中则分别对虚拟和真实环境中的物体进行指向。

A

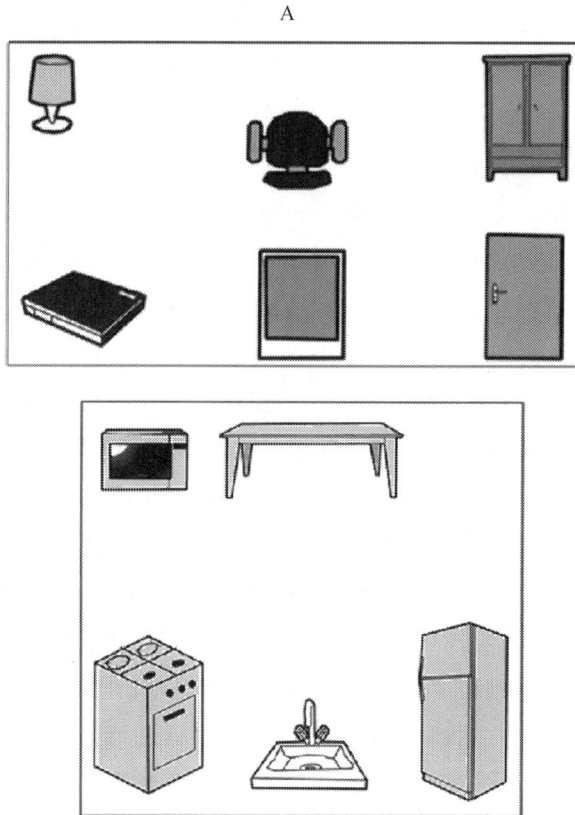

图 3.1　重叠的真实环境与虚拟环境示意图

在第三个阶段中,当任务要求一些被试转动身体面向真实环境中的物体而另一些被试面向虚拟环境中的物体时,两组被试的反应时和准确率之间并没有显著差异。而对于指向测验而言,人们在真实环境和虚拟环境中的前测成绩(第一、第二个阶段)中没有显著差别,后测成绩(第四、第五个阶段)也没有显著差别。这些实验结果说明,人在真实和虚拟的环境中都可以进行空间更新,而且在两种环境中的空间更新的表现不相上下。此外,尽管被试在后测中的指向准确率低于在前测中的指向准确率,但无论任务要求他们更新真实环境还是虚拟环境,他们在两种环境中的后测成绩都是大致相当的。这样的实验结果说明,当任务明确要求被试更新真实环境时,他们也自发地更新了虚拟环境;当任务明确要求被试更新虚拟环境时,他们也自发地更新了真实环境。换言之,人们的空间更新系统用相似的方式对真实环境和虚拟环境进行了加工。

在后续的实验中,我们进一步研究了虚拟现实对于空间更新系统而言究竟有多么"逼真"。这个实验仍然分为五个阶段。在第一个阶段中,我们蒙住被试的眼睛之后才把他们领进实验室,通过言语描述实验室中各个靶子物品的位置,让被试学习这些物品在房间中的空间方位并参加了前测。在整个过程中,被试都没有亲眼看到实验室中的任何物品。在第二个阶段中,当被试戴上虚拟现实头盔后,看见了虚拟厨房中的一系列靶子物品,而其后的实验阶段与之前的实验完全相同。实验结果表明,当任务明确要求被试更新这个看不到却真实存在的真实环境时,他们也会自发地更新虚拟环境;而当任务明确要求他们更新虚拟环境时,他们却不会自发地更新那个看不到但真实存在的真实环境。换言之,人的空间更新系统用相似的方式加工同样提供逼真感知觉输入的虚拟环境和真实环境,也用相似的方式加工看不到的真实环境和想象中的环境。

我们的研究说明,人在虚拟现实中也可以进行空间更新,而且更新的方式与在真实世界中类似。这样的研究结果也表明了在虚拟现实中进行空间更新、空间认知、空间巡航等研究的可行性。但是,在虚拟环境中,哪些感知觉信息对于空间更新是必要条件?在这个问题上还存在一定的争论。一些研究认为本体觉和前庭觉是非常重要的,而仅仅提供外源性的自身运动信息如光流是不足以支持空间更新顺利进行的。[1] 当人们确实进行运动时,他们的空间更新比虚拟运动(如本书第二章所提到的,人保持身体不动而只

---

[1] Klatzky, R. L., Loomis, J. M., Beall, A. C., Chance, S. S., & Golledge, R. G. (1998). Spatial updating of self-position and orientation during real, imagined, and virtual locomotion. *Psychological Science*, 9(4), 293-298.

是按键或操纵杆,依赖光流感受到运动)时更好;而且自身的旋转比虚拟场景的旋转引起的空间更新更好。[1] 但是,另一些研究也表明,仅仅提供光流信息,也可以使空间更新顺利进行。[2] 关键之处在于虚拟现实中呈现的场景必须是前后一致的、完整的,这种视觉模拟才能在没有前庭觉和本体觉的情况下引起自动的空间更新。

二、空间表征的参照系与空间更新

人们使用东、西、南、北这些主方位来定义空间和方向的习惯由来已久,至今仍然保持。《墨经》中说:"宇,东西家南北。"这就是以"家"为东西南北的参照点,把空间定义为不同场所和方位的总称。对于空间方位而言,参照系非常重要。如果离开具体的参照系,所谓的空间方位也就失去了实际的意义。因此,我们在描述物体的位置和空间关系时,总是会使用特定的参照框架。同样地,人们对物体位置的空间记忆和对空间关系的内部表征,也会使用两种不同的参照框架。一种是以自我为参照系的表征(egocentric representation),而另一种是以环境为参照系的表征(allocentric representation)。在这两种不同类型的空间表征的基础上,人都可以进行空间更新。但是,以不同参照系的空间表征为基础进行的空间更新具有重要的差别,对工作记忆(working memory)也有不同的要求。这里,工作记忆是人对信息进行暂时性的加工和贮存的记忆系统,贮存的是与人当前进行的"工作"有关的信息,它的容量是有限的。

对于一个纯粹以自我为参照系的空间表征来说,参照点就是自己,以此来定义周围物体的位置和方向。运动的时候,参照点发生了改变,空间表征

① Chance, S. S., Gaunet, F., Beall, A. C., & Loomis, J. M. (1998). Locomotion mode affects the updating of objects encountered during travel: The contribution of vestibular and proprioceptive inputs to path integration. *Presence: Teleoperators and Virtual Environments*, 7(2), 168-178.

② Riecke, B. E., Cunningham, D. W., & Bülthoff, H. H. (2007). Spatial updating in virtual reality: The sufficiency of visual information. *Psychological Research*, 71(3), 298-313.

也随之发生改变。如图 3.2 所示,如果现在桌上有一盏台灯和一个咖啡杯,人以自身为参照点,可以把它们的位置分别编码为"台灯在我的左边"和"咖啡杯距我有 50 厘米"。当人的位置或身体朝向发生改变时,这些表征也都会发生改变。因此,如果以自我为参照系的空间表征进行空间更新,那么这种空间更新时刻都在发生,是连续式更新(continuous updating),而且是在运动过程中进行的在线加工(online processing)。也就是说,如果以自我为参照系进行空间表征,人要连续地跟踪记录周围的物体相对于自己的位置和方向。人的位置一旦发生改变,意味着之前所有的表征都失效了,需要针对人当前的位置和朝向进行更新。进行这种空间更新,要求人的工作记忆中保持以自我为参照系的向量。

图 3.2　以自我为参照系的空间表征示意图

一些行为实验的结果支持了以自我为参照系的空间表征和以此为基础的更新的存在。例如,当研究者要求人们记住虚拟环境中一系列物品的位置时,物体的个数直接影响他们空间更新的效率,出现了组量效应(set size effect)。[①] 这是因为,如果空间表征以人自身为参照系,那么周围

① Wang,R. F.,Crowell,J. A.,Simons,D. J.,Irwin,D. E.,Kramer,A. F.,Ambinder,M. S.,Thomas,L. E.,Gosney,J. L.,Levinthal,B. R.,& Hsieh,B. B. (2006). Spatial updating relies on an egocentric representation of space:Effects of the number of objects. *Psychonomic Bulletin and Review*,13(2),281-286.

需要被记住的物体个数越多,需要进行空间更新的物体个数也就越多。又如,在一项研究中,研究者要求被试记住周围物体的位置和方向,并进行测试;然后请被试坐在椅子上,转动椅子使他们晕头转向,再测试他们对物体方向的记忆。① 结果发现,晕头转向的被试对物体空间结构关系的提取准确性降低了。这样的研究结果说明,人们在迷失方向时失去了自我朝向感,也就不能依靠动态更新的自我参照系表征来完成指向任务。

空间表征也可能是以周围的物体或是地球为参照点的,而与人自身的位置和朝向无关。当人运动的时候,这种空间表征并没有发生改变。以图3.3中的情景为例,书桌上有一盏台灯和一个咖啡杯。人们也可以把它们的位置编码为"台灯距离咖啡杯有50厘米远"或"台灯在咖啡杯的西面"。那么当人的位置或身体朝向发生改变的时候,这些空间表征并不会发生改变。

图 3.3　以环境为参照系的空间表征示意图

即使我们不以自我为参照系,而以环境中的某个地点或物体为参照点,我们的空间更新也可以是连续的,也可以通过线上加工来进行。例如,在本

① Wang, R. F., & Spelke, E. S. (2000). Updating egocentric representations in human navigation. *Cognition*, 77(3), 215-250.

章开头时的例子中,你从椅子上站起来后,在走动的过程中以椅子为参照点,不断更新自己相对椅子的方位,这也是一种连续的、通过线上加工来进行的更新。但是,以环境为参照系的空间更新也可以是隔一段时间才进行一次,或是在运动结束后进行的离线加工(offline processing)。以环境为参照系的空间表征甚至可能像是一个认知地图,以此为基础进行的更新被称为结构式更新(configural updating)。也就是说,人可以对环境进行详细的内在表征,并在这份像地图一样的表征上跟踪记录自身的位置和朝向。当人运动的时候,自身的位置或朝向改变了,对周围物体之间的相互空间关系的表征并没有发生改变。但是,进行这种空间更新,要求人在工作记忆中保持对环境的表征。从这个角度考虑,我们就可以发现以自我为参照系进行的更新不需要对环境进行表征,这是一种非结构式更新(nonconfigural updating)。

空间表征还可能同时混杂了以自我为参照系的表征和以环境为参照系的表征。例如,如图 3.4 所示,对于桌子上有台灯和咖啡杯的情景,人们也可以把它们的位置编码为"台灯在咖啡杯的左边 50 厘米远"或"咖啡杯在我

图 3.4　混合的空间表征示意图

东北方向 50 厘米处"。这样的空间表征就混杂了以自我为参照系的信息（台灯在咖啡灯的"左边"是由"我"的位置决定的）和以环境为参照系的信息（东北方向、50 厘米）。实际上，空间更新本来就存在以自我为参照系的更新和以环境为参照系的更新这两种类型，而且各有各的功用。例如，以自我为参照系的空间更新，可以让人控制运动中瞬时的空间关系；以环境为参照系的空间更新，则令人可以保持方向感而不迷失方向。[1]

综上所述，从参照系来看，空间更新可以基于以自我为参照系的空间表征，也可以基于以环境为参照系的空间表征。从时间参数来看，空间更新可以是连续进行的，也可以是隔一段时间进行一次的。从运动信息加工的角度来看，空间更新可以是在运动过程中的在线加工，也可以是运动结束后的离线加工。那么，人类路径整合中的空间更新究竟是怎样进行的呢？

第二节　人类路径整合中的空间更新

空间更新不仅是人类具有的基本空间能力，也是许多动物具有的能力。当本书第一章谈到蚂蚁、蜜蜂、大鼠、狗、鹅等许多动物都能进行路径整合的时候，其实就意味着这些动物也都能跟踪记录自己与起点之前的空间关系，也就是具有空间更新的能力。路径整合与空间更新是两个不同的概念，但两者之间也存在重要的联系。一方面，我们可以把路径整合看作通过特定形式的空间更新来完成的，只不过这种形式的空间更新主要关注自身与特定地点之间的空间关系。另一方面，空间更新也可以依赖不同的感知觉线索或策略。如果空间更新只依赖自身运动信息，无论是内源性的体感信息还是外源性的光流信息，那就和路径整合有着密不可分的关系。

---

[1] Mou, W., McNamara, T. P., Valiquette, C. M., & Rump, B. (2004). Allocentric and egocentric updating of spatial memory. *Journal of Experimental Psychology: Learning, Memory, and Cognition*, 30(1), 142-157.

一、路径整合中的空间更新模型

从理论上分析，以自我为参照系的空间表征及以此为基础进行的空间更新，或是以环境为参照系的空间表征及以此为基础进行的空间更新，都可以支持动物进行路径整合。

一方面，动物可能以自己的身体为参照点，建立一个坐标系，对起点进行表征。[①] 当动物运动时，可以把原来表征起点的矢量与运动矢量进行矢量相减，得出新的矢量对起点进行表征。如图 3.5 所示，我们假设动物从起点出发，先到达地点 A，再到达地点 B。当动物在地点 A 时，以自身当前的位置为参考点，用矢量 H 来表征起点；当它从地点 A 向地点 B 运动时，用矢量 M 来表征它的位移。当动物到达地点 B 时，仍以自身的新位置为参照点，用一个新的矢量 H' 来表征起点。这个新的矢量 H' 可以通过原矢量 H 和位移矢量 M 相减而得到，即 $H' = H - M$。

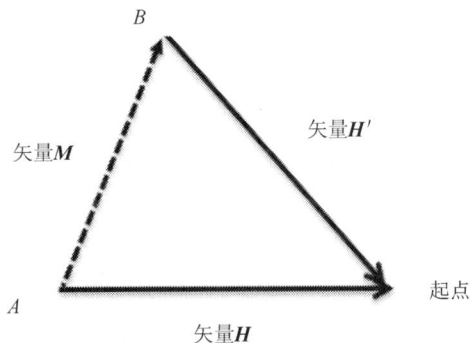

图 3.5　以自我为参照点通过矢量相减来计算起点的方位

另一方面，动物也可能在笛卡尔坐标系（Cartesian coordinates，两条度量单位相等的数轴相交于原点的坐标系）中编码自身当前的位置和朝向，建

---

① Benhamou, S., Sauve, J. P., & Bovet, P. (1990). Spatial memory in large-scale movements: Efficiency and limitation of the egocentric coding process. *Journal of Theoretical Biology*, 145(1), 1-12.

立一种以环境为参照系的空间表征。[①] 具体而言,动物以起点为坐标系的原点,用一个矢量表征自身的方位。当动物运动时,可以把原来表征自身的矢量与运动矢量进行矢量相加,得出新的矢量表征自身的方位。如图 3.6 所示,我们仍然假设动物从起点出发,先到达地点 A,再到达地点 B。当动物在地点 A 时,以起点为参考点,用矢量 H 来表征自身当前的方位;当它从地点 A 向地点 B 运动时,我们仍用矢量 M 来表征它的位移。当动物到达地点 B 时,仍以起点为参照点,用一个新的矢量 H' 来表征它当前的方位。这个新的矢量 H' 可以通过原矢量 H 和位移矢量 M 相加而得到,即 $H' = H + M$。

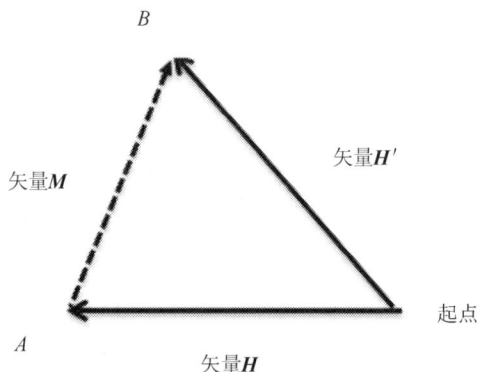

图 3.6　以起点为参照点通过矢量相加来计算自身的方位

以上这两种模型,无论是以自我为参照系,还是以起点为参照系,对动物路径整合的基本过程其实都有相同的假设。从空间更新的角度来看,它们都假设动物的路径整合建立在感知自身运动并建立位移矢量、对空间位置进行基本的表征、对原表征和位移矢量进行计算这三个过程的基础之上。更为重要的是,这两种模型也都有一个隐含假设,即动物进行了连续式空间更新,动物每进行一步运动就会更新一次。连续式空间更新令动物在原有估计和自身运动估计的基础上,不断地更新自身与特定地点之间的空间关

---

① Mittelstaedt，H.，& Mittelstaedt，M. L. (1982). Homing by path integration. In F. Papi & H. G. Wallraff (Eds.)，*Avian navigation* (pp. 290-297). New York： Springer.

系。但是,动物每进行一步运动、一次更新,都会产生误差。误差随着运动的持续而累积,使动物的路径整合受到误差累积的影响。同时,这种连续式更新的过程一旦遭到干扰或被打断,就会难以为继。

具体到人类路径整合中的空间更新问题上,研究者也分别提出了两类模型,即结构式更新模型和非结构式更新模型。

人类路径整合的结构式更新模型提出,人类的路径整合基于对外出路径建立详细的内部表征,并在工作记忆中保持这种表征。例如,第二章所提到的编码误差模型就提出,路径整合的基本过程包括:感知外出路径并进行编码,建立对外出路径的内部表征,然后计算推理出返回起点的路径并加以执行。因此,编码误差模型就属于结构式更新模型,而且假设人们在原来的估计和对所有运动轨迹的详细表征的基础上,阶段性地更新他们当前的方位。这个模型可以很好地解释人们在简单的外出路径(包含 1 至 3 个路段)上进行非视觉路径整合出现的系统误差;但当外出路径包含越来越多的路段时,这个模型则不一定适用。这可能是因为,当外出路径越来越复杂时,也会引入其他系统误差来源。编码误差模型的基本假设之一,是在空间推理和返回起点的执行阶段没有系统误差。但是,对于包含较多路段的外出路径来说,这个基本假设可能就不成立,路径完成任务中的空间推理阶段也有可能产生系统误差。[①]

人类路径整合的非结构式更新模型认为,人可以采用以自我为参照系的空间表征,进行连续的空间更新,即在运动中一直跟踪记录自身与外出路径起点之间的空间关系。尽管人们确实能获得并保持对简单外出路径的内部表征,但是他们却不一定需要这样做。换言之,如果以自我为参照系连续地更新起点的方位,人们就并不需要对外出路径建立详细的内部表征,也不需要记住整个外出路径,而只要表征并在工作记忆中保持从自身到起点的返航向量(homing vector)就足够了。

---

① Gramann, K., Müller, H. J., Eick, E., & Schönebeck, B. (2005). Evidence of separable spatial representations in a virtual navigation task. *Journal of Experimental Psychology*: *Human Perception and Performance*, 31(6), 1199-1223.

二、外出路径对空间更新的影响

通过检验外出路径的各种特征对人类路径整合的影响,我们可以直接对人类路径整合的结构式更新模型与非结构式更新模型进行比较。

一般而言,路径完成任务中的外出路径,至少具有五个重要的元素:路段的个数,路径的总长度(即各个路段的长度总和),旋转总角度(即在所有交叉点身体转动的角度总和),正确返航距离(即外出路径的起点和终点之间的直线距离),以及正确返航角度(即被试在外出路径终点应转动身体面向起点的角度)。值得注意的是,外出路径的这五个重要特征,实际上可能是紧密相关的。一般来说,当外出路径包含更多个路段时,也就意味着路径的总长度、旋转总角度都会增加,而正确返航距离和返航角度也很有可能增加。因此,如果要研究外出路径的特征对人类路径整合的影响,研究者需要对外出路径进行巧妙的设计。

谈到外出路径中的路段个数对人类路径整合的影响,直觉的预测可能是路段个数越多则路径整合越困难。但是,不同的研究却有不一致的结果。在一项非视觉路径整合研究中,当外出路径的路段个数从 1 个上升到 3 个时,视力受损的被试和蒙着眼睛进行实验的对照组被试的反应时都增加了,而且他们估计起点方向的误差也增加了。[1] 但是,另一项视觉路径整合研究没有发现路径复杂性对路径整合的负面影响。这项研究在虚拟现实中进行,外出路径包括 2 至 5 个路段,任务要求被试到达外出路径的终点后指出起点的方向。[2] 研究者精心设计,使外出路径的路段个数增加时,路径的总长度和旋转总角度保持不变。实验结果表明,被试对包含 4 个或 5 个路段的外出路径的反应,比对包含 2 个或 3 个路段外出路径的反应还要快,而且指向的误差也更小。

---

① Klatzky, R. L., Loomis, J. M., Golledge, R. G., Cicinelli, J. G., Doherty, S., & Pellegrino, J. W. (1990). Acquisition of route and survey knowledge in the absence of vision. *Journal of Motor Behavior*, 22(1), 19-43.

② Wiener, J. M., & Mallot, H. (2006). Path complexity does not impair visual path integration. *Spatial Cognition and Computation*, 6(4), 333-346.

那么,外出路径的总长度又是如何影响人们在路径完成任务中的表现呢?在一项研究中,研究者请被试进行三角形完成任务,并通过不同的指导语,分别要求被试在两组实验中以不同的策略进行路径完成任务。[①] 在一种实验条件下,被试接到的指导语是要记住外出路径的构型,并在到达外出路径的终点时计算返航向量。因此,这种指导语实际上是让这组被试进行结构式更新。在另一种实验条件下,被试接到的指导语是在巡航的过程中连续地更新起点的位置,即进行连续式更新。实验中所有外出路径都包含两个路段,但研究者把外出路径分为长路径和短路径两种:长路径的路径总长度平均为 15.3 米,旋转角度平均为 148°;短路径的路径总长度平均为 8.3 米,旋转角度平均为 101°。实验结果表明,被试在采用连续式更新时比采用结构式更新时更快地做出返航的反应。但是,对于长路径而言,被试在采用结构式更新时比采用连续式更新时能做出更准确的返航反应;而对于短路径,这两者之间则无显著差异。路径总长度与更新类型之间的交互作用,说明了外出路径的总长度可以影响被试在路径完成任务时的表现。但是,值得注意的是,这项研究并没有对外出路径的其他特征进行控制,也没有明确区分连续式更新和以自我为参照系的非结构式更新。

此外,人们的路径完成表现也受到正确返航距离和正确返航角度的影响。在本书第二章所提到的卢米斯等人关于非视觉路径整合的研究中,视力受损的被试和蒙住眼睛的对照组被试都进行了三角形完成任务。实验采用了 27 种不同的外出路径,而且这些外出路径的正确返航距离和正确返航角度各不相同。[②] 实验结果表明,当正确返航距离或正确返航角度增加时,被试实际做出的反应距离和反应角度也增加了,斜率为正但是小于1。同时,实验结果也表明,被试高估了那些比较短的距离和比较小的角度,而低估了那些比较长的距离和比较大的角度。但是,这个研究没有控制路径总

① Wiener, J. M., Berthoz, A., & Wolbers, T. (2011). Dissociable cognitive mechanisms underlying human path integration. *Experimental Brain Research*, 208(1), 61-71.

② Loomis, J. M., Klatzky, R. L., Golledge, R. G., Cicinelli, J. G., Pellegrino, J. W., & Fry, P. A. (1993). Nonvisual navigation by blind and sighted: Assessment of path integration ability. *Journal of Experimental Psychology: General*, 122(1), 73-91.

长度或旋转总角度。

在一项研究中,我们采用虚拟现实立方体呈现走廊式迷宫,系统地探究了从简单到复杂的外出路径的各个特征对于人类路径整合的影响。[①] 如图3.7所示,我们每次只给被试呈现一条走廊,并请他们面向走廊的终点,通

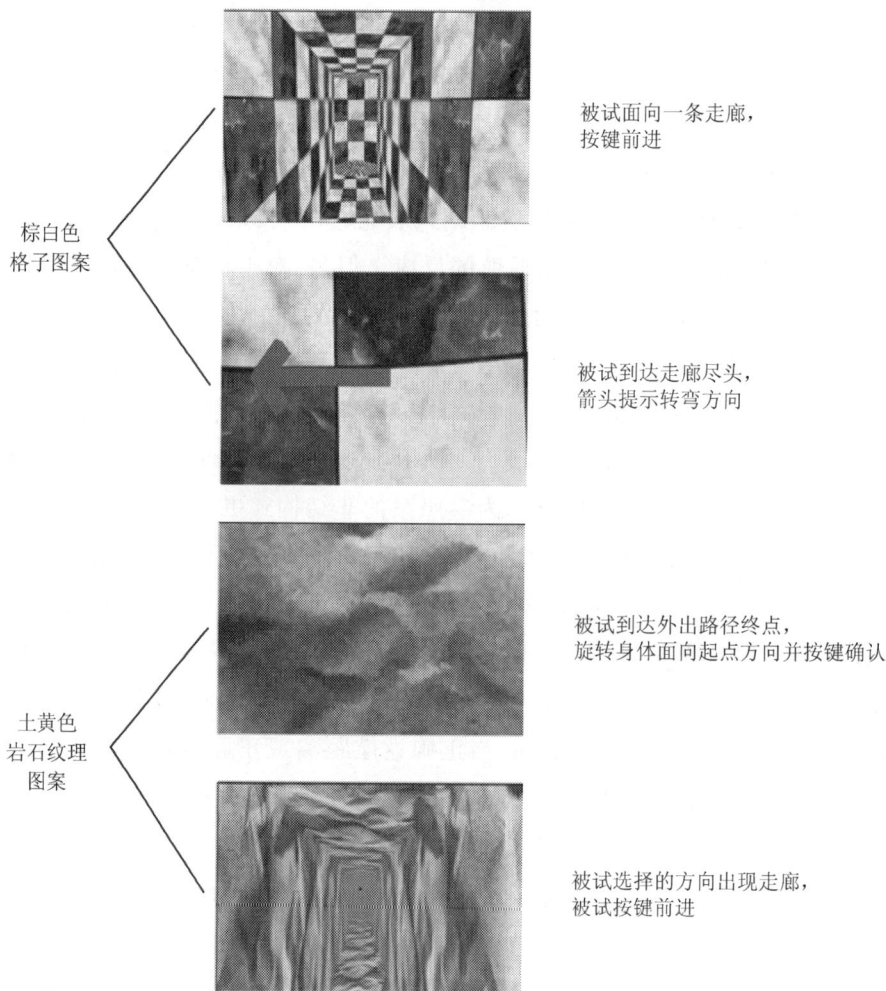

图 3.7　虚拟迷宫场景示意图

---

① Wan, X., Wang, R. F., & Crowell, J. A. (2013). Effects of basic path properties on human path integration. *Spatial Cognition and Computation*, 13(1), 79-101.

过按键以每秒钟 1.5 米的速度在走廊中直线地前进（虚拟平动）。当他们到达这条走廊的终点时，他们的面前会出现箭头，指示他们是向左还是向右转（物理转动），以便面向下一条走廊。被试转动身体面向第二条走廊的终点，并按键继续前进。如此循环反复，直到被试到达外出路径的终点。此时，被试会发现他们身处于一个圆形的房间中，而且墙纸已从棕白色格子图案变换为土黄色岩石纹理图案。任务要求他们旋转身体面向起点的方向并按键确认，一条 1000 米长的走廊会出现在他们指出的方向；被试按键在这条新走廊中前进，直到他们觉得已经到达起点时再停下来。

在实验一中，我们使用了包括 2、4、6、8、12 个路段的外出路径。我们将每个路段设计为 2 米或 3 米长，任意两个连续的路段之间的夹角是顺时针方向或逆时针方向的 60°或 120°。对于每个试次的外出路径，由计算机在前后不连续路段不可交叉的前提下随机选择每个路段的长度和每个拐弯处的夹角。实验结果表明，被试的路径完成受到路段个数、路段总长度、旋转总角度的影响。当外出路径中路段的个数增加时，路径的总长度和旋转总角度增加，被试在路径完成任务中的位置误差和方向误差也增加了。同时，当外出路径的正确返航距离增加时，被试对起点进行距离估计时的误差也变大了。值得注意的是，在这个实验中，外出路径中路段的个数与正确返航距离之间存在显著的正相关关系，即路段个数越多，正确返航距离越大。

为了分离路段个数和正确返航距离的影响，我们进行了实验二，并对外出路径进行了特别的设计。我们采用包含 4 个或 8 个路段的外出路径，将正确返航距离控制为 3 米、6 米或 9 米，并采用路段个数×正确返航距离的正交设计。也就是说，对于包含 4 个路段的外出路径来说，起点和终点之间的直线距离可能是 3 米、6 米或 9 米；对于包含 8 个路段的外出路径来说也是如此。图 3.8 举例表示了两种外出路径，两者都以 H 点为起点，一个外出路径包括 4 个路段且最终到达 A_4 点，另一个外出路径包括 8 个路段且最终到达 A_8 点。两个外出路径的正确返航距离 c_4 和 c_8 完全相等，但是路段个数是 1∶2。在这种情况下，路段个数与正确返航距离之间就没有相关关系了。我们的实验结果表明，当路段个数、路径总长度、旋转总角度增加时，被试的路径完成误差也变大了。

同时，两个实验的结果一致表明，路段的个数、路径总长度、旋转总角度

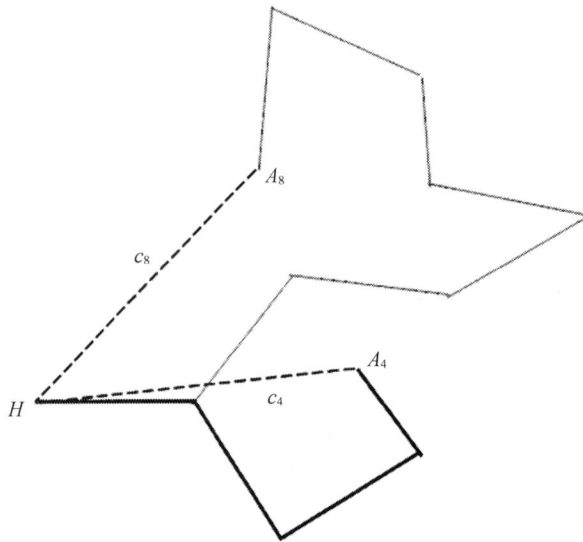

图 3.8　路段个数不同但正确返航距离相同的两种外出路径

均无法预测被试的反应时。也就是说,当外出路径从简单(包含 2 个路段)到非常复杂(包含 12 个路段)时,被试在路径完成任务中的误差增加了,但反应时没有发生相应的变化。这样的研究结果说明,被试可能以在线加工的方式在运动的过程中连续地进行空间更新,而不是等到最后到达外出终点时再计算起点的位置。

　　这个研究关于路径完成误差的结果,无法对结构式更新模型和非结构式更新模型进行根本的区分。用两种模型其实都可以预测或解释:当路段的个数、路径的总长度、旋转总角度增加时,路径完成的误差会增加。一方面,根据结构式更新模型,当路段的个数增加,行程的长度增加(这里包括路段的总长度和旋转总角度),人对于路段和身体转动的错误感知更多,也需要建立更复杂的内部表征,进行更困难和更复杂的空间推理。这些都可能会导致路径整合的误差增加。另一方面,根据非结构式更新模型,运动每进行一步,都会产生误差,这些误差随着运动的持续而累积。如果把一个路段或一次拐弯看作运动的"一步",那么路段个数的增加也会导致进行更多次的空间更新,累积更多的误差。

　　但是,这个研究关于反应时的结果,却可以令我们对被试在实验中使用的空间更新进行推论。尽管人们确实能够获得并保持包含路段个数较少的外出路径的内部表征,当外出路径中包含的路段越来越多时,建立整个外出路径的表征对工作记忆的要求越来越高。如图 3.8 所示的包含 8 个路段的外出路径,它的结构已经非常复杂。人类的工作记忆系统是否能够对这样复杂的外出路径进行详细的内部表征呢?这还是未知的。也许你会想到,被试可以对简单的外出路径进行内在表征和结构式更新,对复杂的外出路径进行连续的非结构式更新。实际上,当外出路径包含较多的路段时,进行连续的非结构式更新其实是一种更为经济的方式。但值得注意的是,在这个研究中,每次只呈现一个路段,所以被试在面对一个路段的时候不知道它是否是这个外出路径中最后一个路段,在到达外出路径的终点之前也无法得知这个外出路径是简单还是复杂的。因此,他们无法在到达终点之前就确定要采取哪种空间更新方式。当然,大部分关于人类路径整合的实验室研究采用的外出路径都比较简单,包含路段的个数也比较少,最常见的就是只包含两个路段的三角形完成任务。在现实生活中,如果人们真的需要进行路径整合,外出路径可能是非常复杂的。因此,我们认为非结构式路径整合比结构式路径整合具有更普遍的适用性。

三、路标对人类路径整合的影响

　　正如本书第一章所提到的,一方面,路径整合作为一种空间策略,为巡航者提供最基本但非常重要的空间信息。对于那些需要进行长途跋涉的动物,能够知道运动的起点与自己当前的方位之间的位置关系,尤为关键。另一方面,环境中醒目的、稳定的、能提供位置信息的物体,作为路标,也可以为巡航者提供非常重要的信息。具体而言,路标可以帮助巡航者估计距离,重新校正路径整合系统,减少路径整合的误差。例如,蚂蚁可以利用熟悉的路标来再认和比对场景,引导和纠正它们返回巢穴的行为。[①]

---

　　① Collett, T. S., Dillmann, E., Giger, A., & Wehner, R. (1992). Visual landmarks and route following in desert ants. *Journal of Comparative Physiology A*, 170(4), 435-442.

当它们接近巢穴时,它们会搜索熟悉的路标,看是否和记忆中的巢穴入口相同。

在最初的人类路径整合研究中,为了能够保证被试采用的空间巡航策略是路径整合,研究者一般都会小心地排除那些能够提供方位信息的路标或其他提供环境信息的视觉线索。但是,如果在路径完成实验中巧妙地利用路标,还可以直接检验路径整合中的空间更新。在我们采用虚拟现实立方体进行的一项研究中,我们建立了一种"返回起点或路标"的实验范式。[①]如图3.9所示,实验采用的是包括5个路段的走廊式迷宫,每个外出路径中包括4个交叉点。除了采用最基本的返回起点任务作为基线条件之外,我

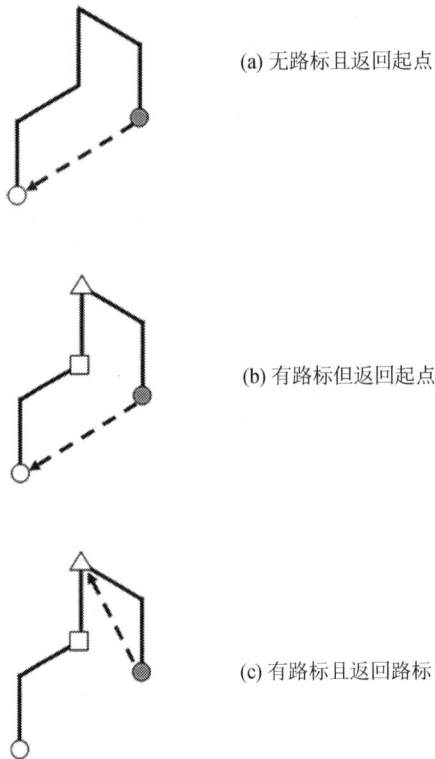

(a) 无路标且返回起点

(b) 有路标但返回起点

(c) 有路标且返回路标

图 3.9 返回起点或路标任务示意图

---

① Wan, X., Wang, R. F., & Crowell, J. A. (2012). The Effect of landmarks in human path integration. *Acta Psychologica*, 140(1), 7-12.

们在其他实验条件中还在两个交叉点上呈现两个不同的路标。当被试到达外出路径的终点时,他们可能会被要求返回外出路段的起点,也可能会被要求返回其中一个路标的位置。因此,实验中其实包括三种条件:无路标且返回起点、有路标但返回起点、有路标且返回路标。

与图3.7所展示的实验类似,这个实验也采用了真实平动与虚拟转动相结合的方式,即被试通过按键在走廊中匀速直线前进,但在两个路段的交叉点转动身体。在实验中一次只向被试呈现一个路段,但是实验员在虚拟现实立方体外可以从计算机屏幕上鸟瞰实验任务。图3.10以一个试次为例,分别展示了被试所见虚拟场景与任务的鸟瞰图。由于不能让被试在到达外出路径终点时可以转身直线返回路标位置,所以我们不能在第四个交叉点上呈现路标,而只能在第一、二、三个交叉点中随机选择两个位置呈现路标。两个不同的路标分别放置在哪个位置上、任务要求被试返回哪个路标的位置,也都由计算机随机决定。

我们还将被试随机分为两组。对于一组被试来说,他们在实验一开始已经知道将会返回起点还是路标,被称为知情组;另一组被试在到达外出路径的终点时才知道该返回起点还是路标,被称为不知情组。也就是说,不知情组不知道他们将会返回起点还是路标地点,因此他们需要同时注意起点和路标的位置,而为返回路标位置的反应做准备可能会影响他们为返回起点的反应做准备。知情组的被试在明确知道自己将被要求返回起点后,完全可以忽略路标,而只关注起点的位置。

实验结果表明,无论是返回起点还是返回路标,不知情组都比知情组表现出更长的反应时。对于返回起点的试次,不知情组在有路标时比没有路标时表现出更长的反应时,而知情组则没有表现出这样的行为模式。这样的实验结果表明,路标的出现干扰了不知情组对起点的加工。这组被试根据任务要求,需要跟踪记录自身与三个关键位置(起点和两个路标位置)之间的空间关系。而对于知情组来说,当他们得知他们会返回路标时,路标的出现就没有对他们产生影响。这样的实验结果说明人们的空间更新系统具有高度的适应性,能够根据目标和任务的要求进行调整。同时,这个研究的结果也说明空间更新并不总是自动的过程。对于不知情组被试而言,更新自身与多关键位置之间的空间关系就影响了他们对于起点位置的更新。

虚拟场景

鸟瞰示意图

面向走廊
路标呈现

到走廊终点
转身面向下个走廊

到外出路径终点
做方向反应

长走廊出现
做距离反应

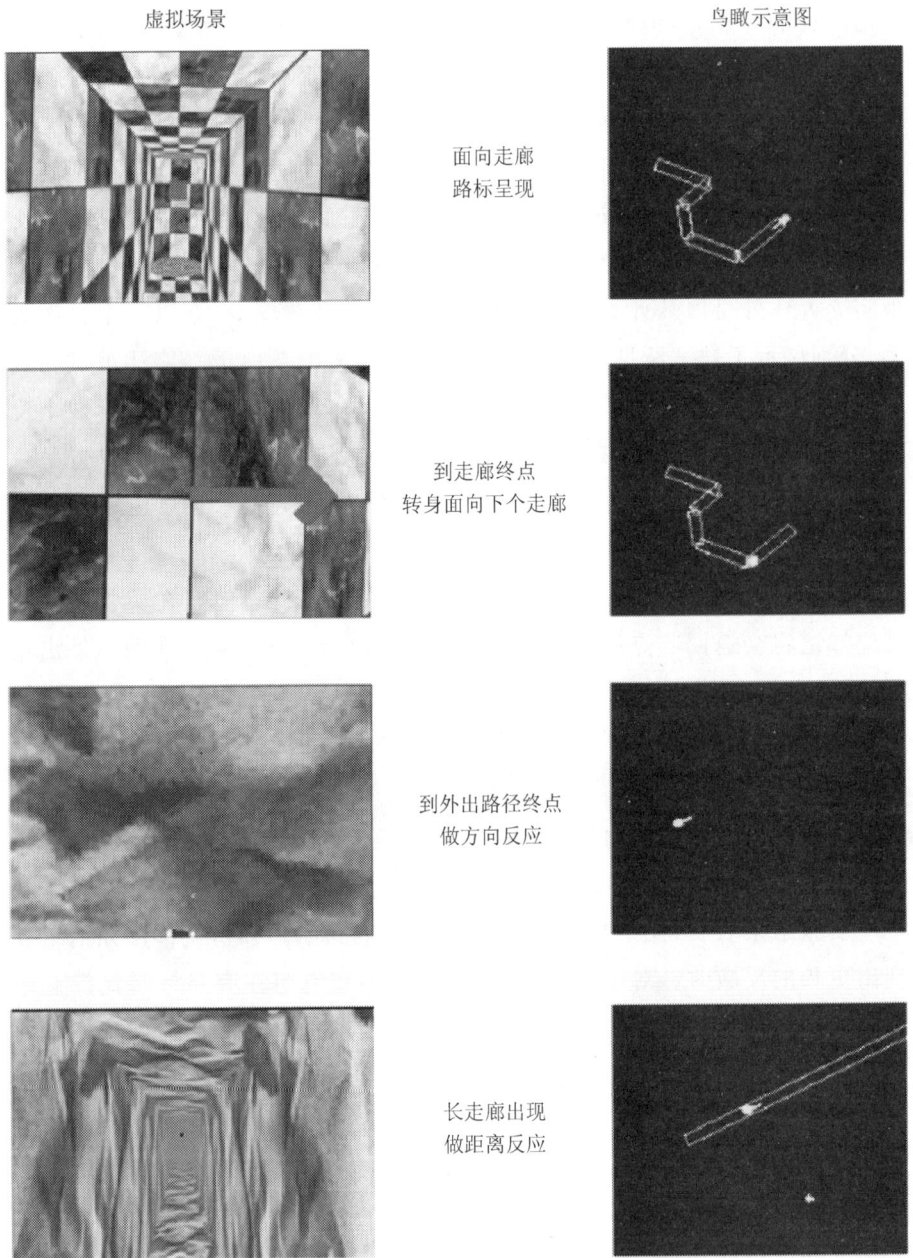

图 3.10　返回起点或路标实验中虚拟场景与任务的鸟瞰示意图

值得注意的是,在上面这个研究中,路标只出现在外出路径中。这些路标的出现可以作为一种标记,令被试建立起如"第一个交叉点看到正方形路标时向右拐"的地点-动作联结,或是有助于被试区分不同的交叉点(例如,第一个交叉点有正方形路标而第二个交叉点没有)。这些路标的存在也可以提供额外的知觉信息,尤其是当路标位于一个路段的终点时,有助于人们进行距离估计。但是,当被试到达外出路径的终点并试图直线返回起点时,这些路标已经消失,因此并不会直接引导他们返回起点。

近年来,越来越多的研究者开始探究路标的出现对人们返回起点行为有怎样的直接影响。例如,一项研究比较了人在只有路径整合、只有路标,以及路径整合和路标并存这三种实验条件下返回起点的行为。[①] 实验在黑暗的房间中进行以排除视觉线索,研究者用轮廓亮灯的物体作为路标。在只有路径整合的条件中,研究者关掉路标上的灯而使被试看不到路标,所以被试仅能凭借自身运动信息采用路径整合的策略返回起点;在只有路标的条件中,研究者让被试暂时失去方向感而影响他们对自身运动估计的前提条件,使他们仅能凭借路标的指引返回起点;在路径整合与路标并存的条件下,被试可以同时依靠路标的指引和对自身运动的整合来返回起点。实验结果表明,成年被试在路径整合与路标并存时比在另外两种实验条件下返回起点的准确性更高,反应的一致性也更高;但儿童被试则没有表现出这样的行为模式。这项研究结果表明,成年人也许可以将路标和路径整合提供的信息整合起来,指导自己的空间巡航。

美国布朗大学的研究者赵民涛和威廉·沃伦(William Warren)利用虚拟现实进一步研究了路标与路径整合之间的竞争与协同关系。[②] 他们也采用了只有路径整合、只有路标、路径整合与路标并存三种实验条件,并在路径整合与路标并存条件下的一些试次中悄悄地移动路标的位置,以便区分路径整合和路标的影响作用。不过,这个研究的重点并不是将只有路径整

① Nardi, M., Jones, Peter, Bedford, R., & Braddick, O. (2008). Development of cue integration in human navigation. *Current Biology*, 18(9), 689-693.

② Zhao, M., & Warren, W. H. (2015). How you get there from here: Interaction of visual landmarks and path integration in human navigation. *Psychological Science*, 26(6), 915-924.

合、只有路标、路径整合与路标并存这三种实验条件进行对比。这个研究的关键之处在于检验了路径整合与路标并存条件中路标发生位移时,只使用路径整合、只使用路标、最优整合(将路径整合与路标两种线索加权平均)的三种模型中,哪一种模型能更好地预测被试所做方向反应的准确性和一致性。结果发现,当路标的位移较小时,被试返回起点的方向更多受到路标的影响;当路标的位移较大时,被试返回起点的方向则渐渐转为由路径整合决定。同时,当路标的位移较小时,最优整合模型能够最好地预测被试所做方向反应的角标准差。这样的研究结果说明:一方面,路径整合和路标之间存在竞争的关系,只有其中一种巡航策略决定被试返回起点的方向;另一方面,被试也能整合两种策略提供的信息,提高方向反应的一致性。

这些研究的结果有助于我们理解路径整合作为一种策略在空间巡航中究竟发挥怎样的作用。澳大利亚麦考瑞大学的学者郑肯(Ken Cheng,音译)与合作者在题为《空间信息的贝叶斯整合》的论文中提出,路径整合在动物的空间巡航中作为备用系统与参考系统。[1] 所谓备用系统,指的是动物在条件允许的情况下可能会更倾向于使用其他线索(例如路标),但是在这个过程中路径整合仍然(像计算机的后台程序一样)在执行着,帮助动物跟踪记录自己的方位。当其他线索或策略都失效时,动物也可以使用路径整合。所谓参考系统,则是指路径整合可以帮助动物探测其他线索是否可靠、是否可以使用。如果其他线索与路径整合提供的信息差异过大(例如上面例子中被人为地大幅度移动的路标),那么动物就可以利用路径整合提供的信息来否决这种不可靠的信息。

值得注意的是,这种针对动物空间巡航的模型并不一定适用于人类的空间巡航。因此,美国伊利诺伊大学的学者王然潇通过分析路径整合与认知地图之间的关系,提出了一个可能同时适用于动物和人类路径整合的假说。[2]

---

① Cheng, K., Shettleworth, S. J., Huttenlocher, J., & Rieser, J. J. (2007). Bayesian integration of spatial information. *Psychological Bulletin*, 133(4), 625-637.

② Wang, R. F. (2016). Building a cognitive map by assembling multiple path integration systems. *Psychonomic Bulletin and Review*, 23(3), 692-702.

她认为,巡航者以自身运动信息为基础,通过多个独立的路径整合,对环境中的多个位置进行空间更新,获得对于环境的动态认知地图。不仅对环境的直接知觉信息可以进入巡航者的长时记忆系统,这种以空间更新为基础的动态地图也可以作为"快照"贮存在巡航者的长时记忆系统中,成为认知地图的一部分。尽管路径整合的准确性可能会受到误差累积的影响,但是巡航者可以在特定的时间和位置上对路径整合进行校正或重置。例如,当巡航者实际已经返回起点,而在他的路径整合过程中他却仍然距离起点有一点距离时,这个"距离"其实就反映了他的路径整合误差,可以以此为基础校正他对环境的内部表征。无论是备用/参考系统假说,还是路径整合-认知地图假说,都需要更多实证研究的支持。

本章通过分析人类路径整合中的空间更新,讨论了人类路径整合的心理机制。那么,人类路径整合的神经机制又是怎样的呢?我将在本书第四章论及这个问题。

第四章
人类路径整合的神经机制

近十几年来,路径整合的神经机制已经得到越来越多的关注。如果能够深入理解路径整合的神经机制,则有助于我们理解空间巡航的神经机制,更有助于揭示大脑中的空间巡航系统。关于位置细胞、网格细胞、头朝向细胞(head direction cell)的神经生理研究表明,这些对空间位置有反应的神经元为巡航者在环境中定位提供了必备的神经计算基础。但是,人类路径整合的神经研究还需要进一步阐释人类大脑如何调用细胞、脑区、全脑这些不同层次的组件来完成路径整合。

本章分为两节。第一节概括与人类空间行为有关的大脑结构,并逐渐聚焦到可能与路径整合有关的大脑结构,探讨可能的研究方法。第二节则介绍关于人类路径整合神经机制的研究成果,并讨论其中存在的一些问题。

第一节　与空间行为有关的大脑结构

人脑按解剖结构可以划分为端脑、间脑、脑干、小脑;按功能组织可以划分为前脑、中脑、后脑,其中,前脑又包括皮层、上丘脑、下丘脑、边缘系统、基底节等。对于哺乳动物来说,大脑最重要的部分莫过于大脑皮层。如图 4.1 所示,人的大脑皮层按解剖结构可以划分为四个脑叶,即额叶、顶叶、颞叶、枕叶。额叶和顶叶均位于外侧裂之上,额叶从中央沟一直延续到大脑的最前端,顶叶位于中央沟和顶枕沟之间。颞叶位于外侧裂之下,是两个大脑半球最外侧的部分。枕叶位于顶枕沟之后,处于大脑皮层的后部。

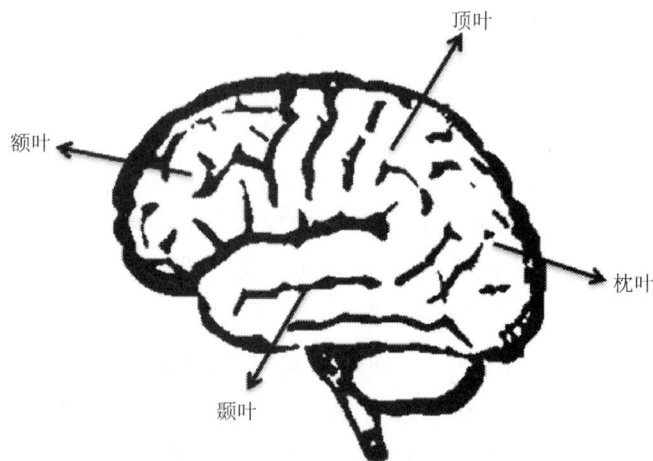

图 4.1　大脑皮层分区示意图

　　四个脑叶的划分是解剖学上的人为分区,并不是严格按照功能划分的。但是,不同的脑叶在功能上也确实存在区别。概括来说,额叶是大脑发育中最高级的部分,主要负责运动,包括初级运动皮层和承担大量信息整合任务的前额叶皮层。顶叶与人的数学和逻辑能力有关,也支配躯体感觉。颞叶是处理听觉信息的主要区域,也处理复杂的视觉过程,并对情感和动机发挥重要作用。枕叶是视觉信息传导的主要目的地,其中的初级视觉皮层位于枕叶末端,输出信息又分为背侧流和腹侧流两个渠道。

　　人类需要进行认知加工处理的空间,不仅包括外部的环境空间,也包括人自己的皮肤表面构成的体表空间,以及围绕人身体且肢体可以够到的体周空间。这些空间信息传导的背侧通路和腹侧通路都源自视觉皮层,背侧通路投射到后顶叶皮层,而腹侧通路投射到颞叶皮层。因此,后顶叶和颞叶就成为负责处理空间信息的两个主要区域。后顶叶皮层和颞叶皮层都有神经通路投射到额叶,而额叶也被认为是负责执行朝向目标的反应的区域。因此,额叶也具有一定的空间功能。此外,由于枕叶主管视觉信息,所以枕叶损伤也可能令人产生基本的空间知觉缺损。综上所述,我们可以认为人类的空间行为与四个脑叶都有关系,尤其与颞叶和顶叶的关系最为直接。

一、颞叶与空间行为

颞叶在关于空间认知与空间巡航的认知神经研究中,一直受到较多关注。从解剖结构上而言,颞叶外侧由颞上沟和颞下沟分为颞上回、颞中回、颞下回。空间认知研究常常提到的内侧颞叶(medial temporal lobe),指的是颞叶底部、侧裂沟底以下的区域,也包括杏仁体、海马结构、海马旁回等。其中,杏仁体、海马结构、海马旁回是皮层下结构,是大脑边缘系统的一部分。内侧颞叶的结构复杂、位置隐蔽,与许多神经系统疾病如颞叶癫痫、阿兹海默症(俗称老年痴呆)、精神分裂等有关。内侧颞叶也与人的记忆有关,尤其对长时记忆非常关键。内侧颞叶受损后,人的工作记忆可以不受影响,而长时记忆一般会受到影响。[①]

内侧颞叶对空间行为尤其是空间巡航能力也非常重要,一般被认为主要通过海马来发挥作用。海马结构(hippocampal formation)是包括齿状回、海马体(hippocampus,也称为海马)、下托、前下托、傍下托、内嗅皮层(entorhinal cortex)的复杂结构。海马是哺乳动物中枢神经系统中的重要组成部分。人有两个海马,分别位于大脑的左、右半球。它的形状弯曲,貌似动物海马,被 16 世纪的意大利解剖学家朱利奥·恺撒·阿朗基(Giulio Cesare Aranzi)命名为海马。现在被普遍接受的观点是,海马是人进行学习和记忆的关键部位,也和空间记忆、空间巡航能力有关。正如本书在第一章一开始就提到的,奥基夫等人在研究工作中发现的位置细胞正是存在于大鼠的海马中。位置细胞仅在大鼠位于测试台的某个位置和朝向时产生强烈的动作电位,表明了海马与空间巡航之间的密切关系。关于人类空间巡航的功能性磁共振成像(functional magnetic resonance imaging,fMRI)研究也表明,当人在如虚拟现实中的城市这样一个熟悉但非常复杂的环境中进行空间巡航时,他们的海马有非常明显的激活迹象。[②] 具体而言,被试右海马

① Squire, L. R., Stark, C. E. I., & Clark, R. E. (2004). The medial temporal lobe. *Annual Review of Neuroscience*, 27(1), 279-306.

② Maguire, E. A., Burgess, N., Donnett, J. G., Frackowiak, R. S., Frith, C. D., & O'Keefe, J. (1998). Knowing where and getting there: A human navigation network. *Science*, 280(5365), 921-924.

的激活与准确知道地点的位置及在这些地点之间进行空间巡航之间有紧密的联系。

一项著名的研究则是关于伦敦出租车司机与普通人对照组的功能性磁共振成像研究。① 研究者对被试提出一系列问题，其中包括空间问题，例如，"从卡顿城宾馆到福尔摩斯博物馆的最佳路线是什么"。当出租车司机回答空间问题时，他们的海马的激活水平显著高于回答非空间问题时。尤为重要的是，伦敦出租车司机的海马后部的体积要大于普通人，而且海马后部的体积与司机的职业经验年限之间有显著的正相关。担任伦敦出租车司机的时间越长，海马后部的体积越大。值得注意的是，要成为伦敦的出租车司机，必须经过至少两年的全面训练，学习如何在城市中数以千计的地点之间进行空间巡航，并最终通过严格的测试。因此，伦敦的出租车司机具有广泛的空间巡航经验，而这种经验是对照组的普通人所不具备的。当然，该研究也发现，普通人的海马前部的体积要大于伦敦出租车司机。这样的研究结果说明了海马对空间巡航能力的关键作用。

另一方面，内侧颞叶结构受损的人在空间巡航任务中则表现欠佳。②③ 对于那些要求人们建立以环境为参照系的空间表征才能完成的空间任务，海马受损的被试的表现会受到影响。海马旁回则与路标的再认有关。这些研究结果说明内侧颞叶结构在空间巡航中发挥着重要作用。值得注意的是，大脑左半球和右半球的内侧颞叶结构在功能上也存在一定的差异。左半球的内侧颞叶结构一般被认为与文字记忆及学习有关，右半球的内侧颞叶结构则被认为与空间记忆有关。具体而言，右侧海马和海马旁回对人类的空间记忆发挥着重要作用。

---

① Maguire, E. A., Gadian, D. G., Johnsrude, I. S., Good, C. D., Ashburner, J., Frackowiak, R. S., & Frith, C. D. (2000). Navigation-related structural change in the hippocampi of taxi drivers. *Proceedings of the National Academy of Sciences of the United States of America*, 97(8), 4398-4403.

② Crane, J., & Milner, B. (2005). What went where? Impaired object-location learning in patients with right hippocampal lesions. *Hippocampus*, 15(2), 216-213.

③ Aguirre, G. K., & D'Esposito, M. (1999). Topographical disorientation: A synthesis and taxonomy. *Brain*, 122(9), 1613-1628.

综合以上种种研究成果,内侧颞叶,尤其是大脑右半球的内侧颞叶,被认为与人们记忆物体的空间位置有密切的关系。帕特里克·伯恩(Patrick Byrne)等人提出了包含海马等边缘系统和楔前叶(precuneus)等顶叶区域的空间记忆神经模型。[①] 在这个模型中,顶叶负责短时记忆,更新以自我为参照系的空间表征;内侧颞叶负责长时记忆,更新以环境为参照系的空间表征。由于路径整合是一种基本的空间巡航方式,因此研究者们有足够的理由相信,颞叶与人类路径整合也有密切的关系。对于他们设计并进行的一系列研究,我们将在本章第二节具体介绍。

二、顶叶与空间行为

从解剖结构而言,顶叶的外侧面,前以中央沟为界,后以顶枕沟为界,下止于外侧裂。其中,位于中央沟和中央后沟之间的部分为中央后回,而中央后回是触觉信息及来自肌肉牵张感受器和关节感受器的信息的主要目的地。横行的顶内沟则将顶叶其余的部分分为顶上小叶和顶下小叶。

顶叶占据了大脑皮层的 1/3,与其他各个脑叶都有联系。顶叶的一项重要功能是空间定向,负责运动中朝着目标前进。顶叶病变则可能产生高层次的空间知觉缺损和空间定向障碍,如不能判断刺激的位置和方向。正如本书第二章所谈到的,内上颞区和顶内沟腹侧区负责处理人对自身运动的认知,并参与对自身运动方向的认知判别过程。在人类运动复合皮层(human motion complex,hMT＋)、顶内沟区(intraparietal area)、楔前叶的运作下,人们可以仅在视觉反馈的基础上精确地知觉自身的运动。[②]

这里提到的人类运动复合皮层和楔前叶都是顶上小叶的一部分。人类运动复合皮层则位于楔前叶前方。在德国神经科医生和解剖学家科比尼安·布洛德曼(Korbinian Brodmann)划分的 52 个脑区中,人类运动复合皮

---

① Byrne, P., Becker, S., & Burgess, N. (2007). Remembering the past and imagining the future: A neural model of spatial memory and imagery. *Psychological Review*, *114*(2), 340-375.

② Froehler, M. T., & Duffy, C. J. (2002). Cortical neuron s encoding path and place: Where you go is where you are. *Science*, *295*(5564), 2462-2465.

层是第 5 区(V5),为次级体觉运动区,负责对视觉运动信息的加工。而楔前叶是第 7 区(V7),为高级感觉皮层区,与记忆、空间视觉加工、意识等过程都有关系。

路径整合是一种通过整合自身运动信息而更新自身与周围环境之间空间关系的巡航方式。换言之,路径整合是基于对自身运动的精确知觉。因此,研究者也有足够的理由相信,顶叶与路径整合有关。相关的研究将在本章第二节继续介绍。

三、基本研究方法

如前所述,已有的研究表明,颞叶和顶叶结构有可能与人类的路径整合有关。而当研究人的某项认知活动(如路径整合)的脑机制时,有以下三种最基本的研究方法。

第一种研究方法是以脑损伤患者为研究对象,观察并系统地评估患者的心理和行为,并以此为证据推断特定脑区与行为之间的关系。例如,如果某个脑区受损的患者的路径整合能力受到影响,则研究者就可以将受损脑区与路径整合联系起来。但是,脑损伤可分为扩散性和局部性两种,扩散性脑损伤会扩散到不同的部位;而局部性脑损伤有时也可能有扩散性脑损伤的症状。[①] 因此,研究者就很难确定具体的损伤部位,也无法推断脑与行为之间的关系。有一种比较特殊的情况是,患者曾经接受过神经外科手术,某个脑区被切除。由于手术只涉及特定的区域,研究者可以明确界定手术的部位,并通过手术后患者的行为,将被切除的部位与该行为联系起来。

第二种研究方法是进行严格控制条件下的实验,根据实验结果推断脑与行为之间的因果关系。随着功能性磁共振成像技术的成熟与发展,研究者也越来越多地将它用于研究特定心理活动状态下相关脑区的活动情况。这种技术的基本原理是利用磁共振造影来测量神经活动引发的血液动力的改变。当大脑的一个区域发挥作用时,这个区域的血流量增加,而血流量增

---

① 梅锦荣,2011. 神经心理学.北京:中国人民大学出版社.

长的速度大于氧气代谢率,使脱氧血红蛋白的比例改变,也改变了这一区域的磁力状况。研究者通过比较血氧水平依赖(blood oxygenation level dependent,BOLD)信号,推断出脑区的活动情况。

由于不能对人的神经系统进行实验,一些研究则以动物为研究对象,得出的研究结果对人类行为也有一定的参考意义。正如本书第一章所提到的,许多物种都可以进行路径整合。大鼠是空间行为研究中最常见的实验动物之一,而且在它们熟悉的陆地上和不熟悉的水中均能进行路径整合。因此,大鼠也就成为路径整合研究中最常见的实验动物之一。在实验中,研究者切除非常具体、特定的脑区部位,再将经过切除手术的大鼠与未经过手术的对照组大鼠在任务中的表现进行对比,推断切除的部位与路径整合之间的关系。

目前已有的关于路径整合神经机制的研究,就分别使用了以上三种方法。本章的第二节将按照研究者采用的不同方法对已有的研究进行介绍。

第二节 人类路径整合的神经机制

一、对大鼠的脑损伤研究

关于大鼠的脑损伤研究显示,大鼠的海马结构和顶叶均有可能在大鼠的路径整合中发挥重要的作用。与以人类为研究对象的研究不同,以大鼠为研究对象的脑损伤研究可以精确定位损伤部位,使研究者可以推断特定部位与路径整合能力之间的关系。

这类关于大鼠路径整合的实验研究常常采用的实验范式,仍是本书第一章介绍的大鼠贮食实验。实验任务的基本设置是,将饥饿的大鼠放置在一个"庇护所"后,允许它到较大的区域内寻找食物并带回庇护所。实验场景仍是本书第一章图 1.1 所展示的圆形桌子,靠近桌子的边缘均匀分布着 8 个洞。桌上会摆放特定数目的食物杯,食物就藏在其中一个杯子内。当环境中的外部线索都被排除时,大鼠找到食物后返回庇护所的行为,就可以用来测量它们的路径整合能力。由于实验场景中有多个位置可以安置庇护所,因此研究者可以通过反复的训练令大鼠学会一个固定庇护所的位置,也可以在实验中使用新的庇护所,测量大鼠对不熟悉位置的返航行为。

伊恩·威士肖(Ian Whishaw)与合作者进行了一系列研究,表明穹隆海马伞(fimbria-fornix)切除的大鼠的返航行为受到了影响。[1][2] 在实验前的训练期内,穹隆海马伞切除的大鼠和对照组的健康大鼠都学会了从桌下位置固定的"庇护所"内爬出来,在桌上找到食物,再带回庇护所享用,吃完后再到桌子上寻找食物。当每天的实验都采用位置不同的新庇护所时,对照组的大鼠找到食物后能够成功地返回实验当天的庇护所;穹隆海马伞受损的大鼠则会返回训练时学会的位置,待发现不对后也很难正确返回当天的位置。但是,穹隆海马伞切除的大鼠和控制组大鼠一样能够使用外部环境中的视觉线索或嗅觉线索找到返回的路。这些实验结果说明了海马结构,尤其是穹隆海马伞在大鼠路径整合中的关键作用。

同时,这一结论也在水迷宫实验中得到了佐证。如本书第一章介绍过的,大鼠不喜欢在水中,但是它们可以游泳,而且游泳时还可以进行路径整合。如第一章的图 1.2 所示,实验中大鼠被推入水中,只有游到特定位置上的逃生平台才能再次回到陆地上。威士肖与合作者在实验中反复测试,观察大鼠能否学会这个逃生平台的位置。[3] 实验结果表明,当逃生平台位置

---

① Whishaw, I. Q., & Maaswinkel, H. (1998). Rats with fimbria-fornix lesions are impaired in path integration: A role for the hippocampus in "sense of direction". *Journal of Neuroscience*, 18(8), 3050-3058.

② Whishaw, I. Q., & Tomie, J. A. (1997). Piloting and dead reckoning dissociated by fimbria-fornix lesions in a food carrying task. *Behavioural Brain Research*, 89(1-2), 87-97.

③ Whishaw, I. Q., Cassel, J.-C., & Jarrard, L. E. (1995). Rats with fimbria-fornix lesions display a place response in a swimming pool: A dissociation between getting there and knowing where. *Journal of Neuroscience*, 15(8), 5779-5788.

固定而且突出于水面使大鼠能看到,穹隆海马伞切除的大鼠经过反复训练能够学会返回这个平台,说明它们仍具有一定的空间学习能力。但是,当逃生平台的位置固定却藏于水中(低于水平面而令大鼠无法看到)时,大鼠需要依赖路径整合的策略才能返回平台。这时,穹隆海马伞切除的大鼠无法学会返回这个隐藏的平台,说明它们的路径整合能力可能受到了损害。

值得注意的是,在上述这个系列的研究中,实验组大鼠受损的穹隆海马伞是海马下托-丘脑束的主要通路,而海马下托-丘脑束可能向海马下托复合体传导头朝向信息。因此,穹隆海马伞是一个具有特殊意义的部位。穹隆海马伞受损影响大鼠的路径整合,并不一定代表整个海马结构对路径整合具有不可缺少的作用。威士肖与合作者在另一项研究中对实验组大鼠的海马内注射了鹅膏蕈氨酸,造成神经毒理性的海马损伤。[1] 实验结果表明,实验组和控制组大鼠均能使用视觉线索进行成功的返航行为,但只有控制组大鼠能够使用自身运动线索返回起点,而海马损伤的实验组大鼠却不能。不过,也有其他研究者比较了海马损伤的大鼠与对照组的正常大鼠在返回起点任务中的表现,却没有发现两者之间的显著差异。[2] 这样互相矛盾的研究结果表明,也许海马结构在大鼠的路径整合过程中并不是不可或缺的,还有其他部位也能发挥重要的作用。

艾蒂安·塞夫(Etienne Save)与合作者进行了一系列研究,重点探究顶叶皮层在大鼠路径整合中的作用。[3] 他们首先比较了顶叶受损、背侧海马受损以及控制组大鼠在上述贮食任务中的表现。实验结果表明,背侧海马受损的大鼠在训练期内学习"从庇护所出来后搜索并找到食物才返回"的任务程序时就很困难,而顶叶受损的大鼠在学习任务程序方面则和控制组大

[1] Maaswinkel, H., Jarrard, L. E., & Whishaw I. Q. (1999). Hippocampectomized rats are impaired in homing by path integration. *Hippocampus*, 9(5), 553-561.

[2] Alyan, S., & McNaughton, B. L. (1999). Hippocampectomized rats are capable of homing by path integration. *Behavioral Neuroscience*, 113(1), 19-31.

[3] Save, E., Guazzelli, A., & Poucet, B. (2001). Dissociation of the effects of bilateral lesions of the dorsal hippocampus and parietal cortex on path integration in the rat. *Behavioral Neuroscience*, 115(6), 1212-1223.

鼠表现相当。但是,在返回"庇护所"的测试中,顶叶受损和背侧海马受损的大鼠的表现则都比控制组大鼠差。这样的实验结果一方面表明背侧海马的损伤更有可能影响的是整个空间学习过程,而不仅仅是路径整合;另一方面也表明了顶叶对大鼠的路径整合过程也很重要。

在后续研究中,塞夫与合作者不仅成功地重复了顶叶受损大鼠路径整合受影响的实验结果,还进一步发现内嗅皮层受损大鼠的路径整合也会受到影响。[①] 他们仍然使用贮食实验范式,让大鼠在圆形平台上搜寻食物并返回庇护所,只不过操纵了食物的位置。具体来说,食物在平台上的位置可能是固定的,也可能随机变换。实验结果表明,内嗅皮层受损和顶叶受损的大鼠在训练期内可以学会任务程序,但它们在正式实验中返回朝向的精确度比控制组大鼠差。这样的结果说明,内嗅皮层和顶叶均有可能在大鼠的路径整合过程中发挥重要作用。塞夫等人提出,大鼠的路径整合以功能性神经网络为基础,依赖一系列脑结构的激活。大鼠内嗅皮层的重要功能之一,是接受包括顶叶和压后皮层(retrosplenial cortex)在内的许多皮层传导过来的信息,再传导到海马。考虑到海马和顶叶在大鼠路径整合中的重要作用,内嗅皮层对大鼠路径整合能力的影响也就在所难免了。

总而言之,这些关于大鼠的脑损伤研究表明,海马结构和顶叶在大鼠路径整合中发挥重要作用。这样的研究结果,对研究人类路径整合的神经机制具有一定的参考价值和启发作用。如前所述,这类研究的鲜明特点之一,在于能够对脑区部位进行非常具体的界定。不同的研究可以通过不同的研究手段(手术切除或药物损毁等)聚焦于整个海马体、部分海马体、除海马体以外的其他海马结构或顶叶皮层等。但是,如果直接把动物研究的成果用来理解人的行为,也存在一些问题。人的心理和行为如此复杂,路径整合不仅是一种认知过程和空间巡航的基本形式,也可能受到策略的影响。那么,大鼠和人是否采用相同的策略来进行路径整合呢?

为了回答这一问题,一项研究直接比较了内侧颞叶损伤的患者与海马

---

① Parron, C., & Save, E. (2004). Evidence for entorhinal and parietal cortices involvement in path integration in the rat. *Experimental Brain Research*, *159*(3), 349-359.

损伤的大鼠在路径整合中的表现。[1] 为了能更好地与大鼠的路径整合进行比较，研究者没有采用常见的路径完成任务去测量人的路径整合，而是采用与大鼠贮食实验类似的实验场景。人类实验是在一个周长为17.4米的圆形区域内进行的。实验蒙住被试的眼睛，并给他们戴上消音耳机，以排除视觉和听觉线索。为了避免实验中发生危险，研究者也为被试提供了助行架。研究者选取这个圆上的八个等距位置中的一个作为起点，让被试从这里开始，找到圈内放置的靶子，再回到起点。在不同的试次中，靶子距离起点的距离是不同的，可能非常接近起点，也可能距离起点有一段距离，或是非常接近圆圈的外周。

实验结果表明，当外出寻找靶子的路径比较简单直接，且被试能在20秒内找到靶子时，内侧颞叶损伤的患者与对照组的健康成人都能完成返航任务，而且两组在准确率上没有显著差别。但是两组大鼠却表现出明显的差异：即使在外出路径只有1米长（且不需转弯）而且3秒内就可以找到靶子时，对照组大鼠可以很好地完成任务，海马损伤的大鼠仍不能完成任务。这样的研究结果表明，对于这个"外出寻找靶子再返回起点"的任务，人类也许可以利用不需要内侧颞叶支持的其他过程或策略完成，例如不受内侧颞叶损伤影响的工作记忆；而大鼠却不具有这样灵活使用不同策略的能力。

在研究人类路径整合的神经机制时，研究者一方面可以借鉴动物研究的结果，另一方面也必须考虑到人类心理与行为的复杂性。研究者需要严谨而巧妙地排除其他各种可能性之后，才能有效地将某一个特定的脑区部位和一个特定的心理或行为联系起来。例如，海马与人的记忆和空间行为都有联系。如果海马损伤的人在一项空间任务中的表现受到了影响，如何判断海马损伤影响的是空间行为，还是进行这项空间行为需要依赖的记忆系统？即使能够排除记忆的元素而确定空间巡航能力受到了影响，又如何

① Kim, S., Sapiurka, M., Clark, R. E., & Squire, L. R. (2013). Contrasting effects on path integration after hippocampal damage in human and rats. *Proceedings of the National Academy of Sciences of the United States of America*, 110(12), 4732-4737.

能确定受到影响的是路径整合能力而不是其他类型的空间巡航能力？要回答这一系列问题，要求研究者对实验设计有更为全面的考虑。

二、对脑损伤患者的研究

如本章第一节所提到的，内侧颞叶结构在人类空间巡航中发挥着重要作用。内侧颞叶结构尤其可能参与了一系列对于路径整合来说很重要的认知过程，如空间表征和对自身运动的感知等。对内侧颞叶与路径整合关系的研究，为经过神经外科手术的癫痫患者的研究提供了非常重要的启示。

癫痫（epilepsy）是大脑神经元突发性异常放电导致短暂性中枢神经系统失常的慢性病。由于患者大脑神经元异常放电的部位不同，癫痫发作的症状也有所不同。临床上最常见的部分性癫痫为颞叶癫痫和额叶癫痫。根据癫痫放电位置，颞叶癫痫又可以划分为内侧型（起源于海马、杏仁体、内嗅皮层等内侧颞叶结构）、外侧型（起源于外侧颞叶）、混合型。用于治疗癫痫的颞叶切除手术，会切除单侧大脑半球的部分颞叶、海马的前2/3以及周围的组织。经过这类手术后的患者自愿参加了国外学者关于路径整合的科学研究，使研究者可以探究内侧颞叶是如何影响人类的路径整合能力的。

从现有的文献来看，克莱尔·沃斯利（Claire Worsley）与合作者于2001年发表的论文应是最早的文献之一。[①] 他们采用了卢米斯等人关于非视觉路径整合的行为实验范式，比较了有局灶性脑损伤的神经外科患者与健康人对照组在三角形完成任务中的表现，测量他们的路径整合能力。同时，如表4.1所示，他们也让被试完成了路线再现、旋转再现，以及距离再现任务，并通过左右朝向测试、人像测试、标准路线地图测试来衡量他们的心理旋转能力。参加这项研究的患者均曾接受过单侧颞叶切除手术以治疗顽固而复

---

① Worsley, C. L., Recce, M., Spiers, H. J., Marley, J., Polkey, C. E., & Morris, R. G. (2001). Path integration following temporal lobectomy in humans. *Neuropsychologia*, 39(5), 452-464.

杂的局部性癫痫,其中 17 人接受过左侧颞叶切除手术,16 人接受过右侧颞叶切除手术。手术切除的部位包括单侧颞叶的前部、杏仁核及大约 2/3 的海马,但不包括颞上回。

表 4.1 Worsley 等(2001)采用的实验任务

任务	任务简述
三角形完成	被试蒙住眼睛后在实验员引导下走完包含两个路段的外出路径,再自行走回起点
路线再现	被试蒙住眼睛后在实验员引导下走完包含两个路段的外出路径,再从该处出发,自行走出同样的路线
旋转再现	被试蒙住眼睛被引导着转动身体到一定的角度,然后再自行转动身体以再现刚才旋转过的角度
距离再现	被试蒙住眼睛被引导着走一段距离,然后转身面向起点自行走出相同的距离,以再现刚才走过的距离
左右朝向测试	被试坐在椅子上,按照对面的实验员的指令做出一些与身体左右部分识别有关的动作
人像测试	测试图片中的人两只手分别拿着画横线和竖线的球。被试看图片并报告这个人哪只手拿着画竖线的球
标准路线地图测试	被试看路线地图,并报告路线中每个拐弯处是向左拐还是向右拐

实验结果表明,右侧颞叶切除的患者在三角形完成任务中比对照组表现出更大的位置误差和角度误差,在路线再现任务中对两个路段之间的夹角再现也比对照组的反应误差更大。但是,在旋转再现、距离再现,及三项心理旋转能力测试中,患者的成绩则与对照组之间没有显著差别。此外,左侧颞叶切除的患者与对照组在任何任务的成绩中均没有显著的差别。这样的研究结果为人类路径整合的神经机制提供了最早的实证依据,表明人的右侧颞叶可能在路径整合过程中的某些阶段发挥了关键作用。同时,右侧颞叶切除的患者在方向反应上比对照组差,在距离反应上却与对照组之间没有显著差别,也说明了路径完成任务中对角度和距离的反应有可能是分离的,这对我们理解路径整合的心理机制颇有启发。

在约翰·菲尔贝克(John Philbeck)等人于 2004 年发表的研究中,研究者比较了经过左侧和右侧颞叶切除手术的两组癫痫患者(8 人左侧切除、10

人右侧切除)和健康人对照组在走向靶子、引导下行走、距离估计、距离延迟再现这四项任务中的表现(如表 4.2 所示)。[①] 这些患者在手术中主要切除了单侧颞叶的前部和侧部、杏仁体、海马的前部、海马旁回的前部,但没有切除穹隆。

表 4.2　Philbeck 等(2004)采用的实验任务

任务	任务简述
走向靶子	被试预览前方地面上的靶子,再蒙住眼睛自行走向记忆中的靶子位置
引导下行走	被试预览走廊,然后蒙住眼睛并扶着实验员走一段距离,且对走过的距离进行口头估计。然后他们再自行走回起点
距离估计	被试看着靶子并估计靶子和自己之间的距离
距离延迟再现	被试先看靶子并口头估计距离,然后走到邻近的走廊中,口头指挥实验员在另一条走廊的相同距离处摆放靶子

　　实验结果表明,经过左侧和右侧颞叶切除手术的患者在距离估计和距离延迟再现任务中的表现与对照组之间没有显著的差别,表明他们对于靶子位置的知觉以及他们的短时空间记忆都没有问题。但是,在走向靶子的任务中,右侧颞叶切除的患者比对照组表现出更大的距离高估错误,即他们走的距离比和靶子实际的距离更远,而左侧颞叶切除的患者与对照组在这项任务上则没有显著的差别。值得注意的是,在走向靶子任务中对距离的高估错误实际上也是对自己走过的距离的一种低估。但是,在引导下的行走任务中,右侧颞叶切除的患者与对照组都会显著地低估自己曾走过的距离。

　　这样的研究结果表明,右半球的内侧颞叶结构在人类对自身运动信息的加工中,可能发挥着关键的作用。但是,这项研究中采用的走向靶子、引导下行走、距离估计、距离延迟再现这四项任务,都没有直接测量人的路径整合能力。即使是在引导下行走任务中要求被试走一个路段后返回起点,也并不是一个理想的测量路径整合的方式。因此,研究者能做出的结论恐

　　① Philbeck, J. W., Behrmann, M., Levy, L., Potolicchio, S. J., & Caputy, A. J. (2004). Path integration deficits during linear locomotion after human medial temporal lobectomy. *Journal of Cognitive Neuroscience*, 16(4), 510-520.

怕主要集中于被试对自身运动信息的加工,因为尽管路径整合以自身运动信息加工为基础,但决不仅仅止于此。因此,以这个任务中的患者组与对照组的差异来推断内侧颞叶在人类路径整合中的作用,也许并不非常严谨。

山本直秀(Naohide Yamamoto)与菲尔贝克等人于 2014 年合作发表的研究,是基于上述研究的更为全面的综合型研究。[①] 他们比较了经过单侧颞叶切除手术的癫痫患者(13 人左侧切除、10 人右侧切除)和健康人对照组在九项空间和时间任务中的表现(如第 92 页的表 4.3 所示),包括走向靶子、引导下行走、距离估计和距离延迟再现、三角形完成、全身旋转、想象行走、蒙眼扯线、他人触碰时间,以及时间估计。这些患者在手术中主要切除了单侧颞叶的前部和侧部、杏仁体、海马的前部、海马旁回的前部,但没有切除穹隆。

这项研究中的神经心理测试表明,患者具有正常的视觉空间注意和工作记忆功能,但在长时记忆功能上有所缺陷。行为实验的结果表明,右侧颞叶切除的患者在走向靶子的任务中对距离的高估错误(比和靶子实际的距离走得更远)要显著大于对照组;而左侧颞叶切除的患者与对照组相比也表现出这样的趋势,但在统计上没有达到显著性。在另外八项时间和空间任务中,患者组与对照组的表现并没有显著的差异。山本直秀等人认为,这是因为走向靶子任务中,被试预览靶子后可以对靶子的位置建立空间表征,并在运动前对行走的路线产生预期,并因此得出结论:内侧颞叶对人类路径整合的关键作用在于参与了对行动结果的预测。

需要说明的是,以上这几项研究都是将健康的被试作为对照组与进行过颞叶切除手术的癫痫患者进行对照。从表面上来看,似乎没有经过颞叶切除手术的癫痫患者才是更为合适的对照组。但是,癫痫发作和癫痫样放电以及服用抗癫痫的药物,都可能对患者的认知功能产生不同的影响,长期的癫痫发作还可能导致患者的中枢神经系统神经元发生结构性改变。对于颞叶癫痫患者而言,由于海马与周围的结构存在广泛的联系,因此脑损伤的

---

① Yamamoto, N., Philbeck, J. W., Woods, A. J., Gajewski, D. A., Arthur, J. C., Potolicchio S. J., Levy, L., & Caputy, A. J. (2014). Medial temporal lobe roles in human path integration. *PLOS ONE*, 9(5), e96583.

表 4.3 Yamamoto 等(2014)采用的实验任务

任务	任务简述
走向靶子	被试先预览前方地面上的靶子,然后蒙住眼睛自行走向记忆中的靶子位置
引导下行走	被试预览走廊,然后蒙住眼睛并扶着实验员走一段距离,且对走过的距离进行口头估计。然后实验员引导被试走回起点
距离估计和距离延迟再现	被试站在两条垂直相交的走廊的交叉口,看到一条走廊中放置的靶子并口头估计距离,5秒后口头指挥实验员在另一条走廊的相同距离处摆放靶子
三角形完成	被试蒙住眼睛后在实验员引导下走完包含两个路段的外出路径,再自行走回起点
全身旋转	被试蒙住眼睛坐在椅子上,椅子在计算机控制下旋转30°、75°或120°后,被试指出转动前的方位
想象行走	被试先睁眼走 2.5 米或 5 米距离,由实验员记录时间。20 分钟后,实验员在距离被试 2.5 米或 5 米处摆出靶子后,被试保持身体不动而想象自己走向靶子,由实验员记录时间
蒙眼扯线	被试坐在椅子上拉住卷尺一端,房间另一侧的实验员拉紧卷尺另一端使尺子与地面平行。被试预览靶子后,蒙住眼睛拉扯卷尺,直到他们觉得拉过来的尺子长度与自身和靶子的距离相同
他人触碰时间	被试在计算机上观看一个人在跑步机上以一定速度走路的视频。视频消失后,屏幕出现竖直的线,被试估计刚才的人从刚才的位置出发向前走何时能触碰到这条线
时间估计	计算机屏幕上两个白点先后闪现,两者间隔 2 秒、5 秒或 8 秒。被试估计间隔时间

范围也不一定局限于颞叶。此外,颞叶癫痫患者普遍存在一定程度的认知功能障碍,如记忆缺陷、言语障碍、注意力分散、思维缓慢等。因此,即使没有接受过颞叶切除手术,这些患者的认知功能可能也已经受损了,且很难确定究竟是由于上述哪些因素受损。因此,采用没有经过颞叶切除手术的癫痫患者作为对照组的想法,并不切实际。

对于那些经过颞叶切除手术的患者来说,手术切除的部分也比较大。因此这类研究令研究者很难精确定位究竟哪个部位发挥了最为重要的作用。在一项研究中,研究者就发现当路径较短、任务对长时记忆的要求不高时,海马受损和内嗅皮层受损的被试在以非视觉路径整合为基础的路径完成任务的表现与控制组的健康被试并没有显著差异。[①] 当外出路径的路程较短(耗时也就比较短)、构型简单(例如,只包括一个或两个拐弯)时,被试也可能较多地依赖工作记忆完成任务。而正如本章第一节所提到的,内侧颞叶受损后人的工作记忆可以不受影响。因此,这样的研究结果表明,海马和内嗅皮层可能并不是唯一与路径整合能力相关联的脑区。这样的猜测在功能性磁共振成像研究中得到了验证。

三、功能性磁共振成像研究

关于路径整合的功能性磁共振成像研究,以健康的成年人为被试,利用虚拟现实来呈现光流,令静止不动的被试感觉自己仿佛在虚拟环境中运动,并依赖这些模拟的自身运动信息来进行路径整合。这类研究的基本逻辑,往往是先分析路径整合的过程和心理机制,总结出一个或多个对于路径整合非常重要的基本要素;再以已有的人类和动物研究文献为基础,分析哪些脑区对这些基本要素发挥重要作用,并将这些脑区设置为兴趣区(region of interest);然后关注被试在进行实验任务时这些兴趣区的血氧水平依赖信号的变化,推断出这些脑区对于路径整合的作用。

要完成路径整合,就要求巡航者在加工自身运动信息的同时,也对工作记忆中的空间表征进行更新。如本书第三章所提到的,采用不同类型的空间更新来支持路径整合,可能会对工作记忆有不同的要求;但无论采用哪种空间更新,工作记忆的参与都在所难免。因此,研究者在设置兴趣区时,往往会重点关注对自身运动信息加工和工作记忆发挥重要作用的脑区。此外,由于在磁共振成像实验中被试需要平躺在磁共振成像机器内并保持头部静止不动,这类研究主要探索的是视觉路径整合的神经机

[①] Shrager, Y., Kirwan, C. B., & Squire, L. R. (2008). Neural basis of the cognitive map: Path integration does not require hippocampus or entorhinal cortex. *Proceedings of the National Academy of Sciences of the United States of America*, *105*(33), 12034-12038.

制。因此，对视觉刺激尤其是光流敏感的区域也往往成为研究者关注的兴趣区。但是，不同学者对神经网络作用的认识存在分歧。一些学者认为，进行路径整合可能会调动多个区域组成的神经网络，而不同的区域对路径整合的基本要素负责。而另外一些学者则更倾向于认为，只有同时对工作记忆负载和光流敏感的区域才可能是路径整合对应的功能脑区。在实际进行研究的时候，研究者往往需要对经典的实验范式进行一定程度的改变以适应磁共振成像实验的需要，而这些改变的实验细节也可能对结果产生微妙的影响。

在较早期的一项功能性磁共振成像研究中，研究者总结动物研究的文献，发现内侧颞叶和腹顶内区对通过光流知觉自身运动重要；压后皮层内的头朝向细胞、海马内的位置细胞、内嗅皮层中的网格细胞对知觉方位重要；而海马和前额叶对工作记忆中贮存空间信息重要。[①] 因此，他们提出六个兴趣区，包括海马、内嗅皮层、内侧前额叶、内侧颞叶、腹顶内沟及压后皮层。他们既关注同一被试在正确率高和正确率低的试次中这些脑区的血氧水平依赖信号的变化，也关注正确率高的被试和正确率低的被试的这些脑区的血氧水平依赖信号的变化。

具体而言，研究者让健康的成人被试在虚拟环境中进行三角形完成任务来检验路径整合，再让他们在控制条件下完成工作记忆任务作为对照。在三角形完成任务中，被试在外出路径行进中不能控制自己的行动，而是被动地观看虚拟环境的录像视频。具体而言，被试通过视频呈现的光流信息感受自己经过第一个路段，旋转面向第二个路段后到达外出路径的终点，然后通过操纵杆指出起点的方向。值得注意的是，在这个研究中采用的虚拟环境是相对简单的，只通过地面上的材质纹理来提供光流信息，而视野中的其他部分则是黑色的。外出路径的构型相对也比较简单，第一个路段总是保持不变。在工作记忆任务中，每个试次一开始呈现一个箭头并让被试记住它的方向，然后呈现外出路径，并在到达外出路径终点后让被试再现出之

---

① Wolbers, T., Wiener, J. M., Mallot, H. A., & Büchel, C. (2007). Differential recruitment of the hippocampus, medial prefrontal cortex, and the human motion complex during path integration in humans. *Journal of Neuroscience*, 27(35), 9408-9416.

前呈现过的箭头方向。因此,在控制条件下,被试不需要进行路径整合,而只需要依赖工作记忆来完成任务。

在分析实验结果时,研究者使用了圆形分布统计,分别计算了指向误差的角均数和角标准差来衡量反应的准确性和一致性。他们也计算了实际角度与被试的角度反应之间的线性回归方程,并以本书第二章所提到的编码误差模型为理论基础,用该线性回归方程的斜率来衡量被试的系统误差。实验结果表明,在视觉路径整合中,外出路径行进阶段中右侧海马的激活与完成外出路径后被试指向起点的准确性有高度的正相关关系。不同的个体之间在反应的一致性上也存在差异,而这种反应的波动性与海马及运动复合皮层的激活有显著的负相关关系。研究者在比较了路径整合条件与控制条件的结果后也发现,海马及内侧前额叶的激活与随机误差之间的相关关系,以及颞中回的激活与系统误差之间的相关关系,在路径整合条件中比在控制条件中更为显著。

这样的结果说明人类以视觉为基础的路径整合可能与负责自我运动加工的运动复合皮层、负责高阶空间信息加工的海马,以及负责空间工作记忆的内侧前额叶有关。值得注意的是,这类研究的结果在很大程度上依赖于研究者事先选取的兴趣区,而这个研究中选取的兴趣区几乎完全是以动物研究的文献为基础的,而且主要是关于啮齿类动物的研究。但是,大鼠和人是否会以相同或类似的方式进行路径整合呢?本节前面介绍过的对大鼠和人类路径整合的比较研究就曾表明,人类也许可以利用不需要内侧颞叶支持的其他策略完成返回起点的行为,而大鼠则不具有这样灵活使用不同策略的能力。因此,两者之间的差别是不容忽视的。

托马斯·沃尔伯斯(Thomas Wolbers)等人认为,楔前叶和背侧中央前回(dorsal precentral gyrus)同时对工作记忆负载和光流敏感,所以它们才有可能是路径整合对应的功能脑区。[①] 他们的实验也在虚拟现实中进行,并分为"更新"和"静止"两种主要的实验条件。在更新试次中,他们先呈

---

① Wolbers, T., Hegarty, M., Büchel, C., & Loomis, J. M. (2008). Spatial updating: How the brain keeps track of changing object locations during observe motion. *Nature Neuroscience*, 11(10), 1223-1230.

现 1、2、3 或 4 个物体,并要求被试对这些物体的位置进行编码。物体消失后,实验通过呈现光流信息令被试感觉自己向前行进了一段距离,然后任务要求被试根据自己虚拟运动后的新位置指向原先学习过的物体的位置。在静止试次中,被试也需要学习物体的位置并指向,但他们不需要经历虚拟运动,在学习和测试之间只有一个静止的延迟过程。也就是说,研究者通过改变物体的数量(1 至 4 个)来操纵工作记忆的负载,而通过比较更新和静止两种条件下的实验结果来检验不同脑区对自身运动信息的敏感性。

实验结果表明,楔前叶和背侧中央前回同时受到工作记忆负载和光流信息出现的影响。在后续实验中,研究者增加了言语报告的条件,并对指向和言语两种反应方式下的脑区激活状态进行对比,发现楔前叶和背侧中央前回之间存在区别。具体而言,反应模式(言语报告或指向反应)与工作记忆负载在楔前叶激活程度上的交互作用不显著,说明楔前叶负责的空间更新与反应模式无关。相比之下,反应模式和工作记忆负载在背侧中央前回激活程度上则有显著的交互作用。具体而言,工作记忆负载显著地影响了指向反应中背侧中央前回的激活程度,而在言语报告条件下这种效应则不显著。这样的研究结果说明,以视觉为基础的空间更新与楔前叶和背侧中央前回都有关,因此这两个脑区都可能与视觉路径整合有关。但是,对于楔前叶而言,这种视觉的空间更新与自身运动信息加工和表征更新都密切相关;对于背侧中央前回而言,视觉的空间更新则可能与依赖于情景的动作计划有关。

以上这些研究都主要关注了人类路径整合中的共性,假设所有人都依赖相同或类似的神经机制进行路径整合。但是,也有研究表明不同的人的路径整合也可能依赖不同的神经机制。[1] 这项研究也利用虚拟现实进行了三角形完成实验,每位被试都需要在实验条件和控制条件下进行实验。在实验条件下,被试观看一段在虚拟环境中前进的视频以完成外出路径的行

[1] Arnold, A. E. G., Burles, F., Bray, S., Levy, R. M., & Iaria, G. (2014). Differential neural network configuration during human path integration. *Frontiers in Human Neuroscience*, 8, Article 263, 1-12.

进,且这些外出路径中两个路段的夹角总是直角。然后,被试继续观看返航视频,并判断视频中呈现的返航行程是否能够准确地返回起点。在六个试次中,准确返回起点、高估和低估返航距离的试次则各占 1/3。在控制条件下,被试观看直线运动的视频,以便研究者能够记录与光流信息加工有关而与空间认知过程无关的血氧水平依赖信号。

与以往大部分研究不同的是,这项研究没有事先设定兴趣区,而是采用数据驱动的多元全脑分析,从实际数据出发寻找实验任务中得到激活的脑区。实验结果表明,在路径完成任务中表现好的个体使用了以前额叶皮层为基础的空间工作记忆系统;在任务中表现得不那么好的个体,则使用了以内侧枕颞叶区域为基础的、以环境为参照系的记忆系统。这样的结果说明,在研究人类路径整合的神经机制时,也应注意不同个体依赖不同神经网络的可能性。

应该指出的是,这项研究采用的是简化后的实验任务。一般的路径完成任务会要求被试自己做出指向起点的方向反应,以及返回起点的距离反应。但在这项研究中,被试需要做出的反应只是观看事先设定的返航视频,判断是否准确返回起点。换言之,他们做出的是"是"或"否"的反应,令研究者无法确定被试是否根据猜测或其他策略完成任务。这项研究中采用的实验任务与经典的路径完成任务之间的差别,就好像记忆测验中常见的再认任务和再现任务之间的差别那样大。

综上所述,在关于人类路径整合的磁共振成像研究中,对于路径整合的心理机制的不同理解和假设,往往决定了研究者关注的兴趣区。已有的几个研究,都总结了自身运动知觉与工作记忆对于人类路径的重要性。这些研究结果的重要区别在于:研究者的基本假设是"不同的脑区可以充分调动起来,负责对于人类路径整合不同的基本要素",还是"应寻找某一脑区对这些不同的基本要素都很敏感";研究者是假设所有的人使用同样的神经机制,还是不同的人可以采用不同的神经机制?

综合脑损伤患者研究与功能性磁共振成像研究则可以发现,这两类研究采用的实际上是不同类型的路径整合。脑损伤患者研究主要关注的是非视觉路径整合,功能性磁共振成像研究由于实验技术的特点关注视觉路径整合。这两种路径整合的神经机制是否相同?这是值得未来研究深入探究的问题。此外，在磁共振成像研究中，被试是平躺在机器中的，这与其他人类路径整合研究中被试或站或坐的身体状态是不一样的。平躺的身体状态是否会对被试进行路径完成或相关任务时的状态产生影响？诸多因素共同作用，是否会更容易诱使参与磁共振成像研究的被试把任务看作一项空间记忆任务而不是空间巡航任务？这些都是未知的问题。总之，已有的研究提供了一些非常有趣的结果，但是还存在更多的问题值得探究和商榷。

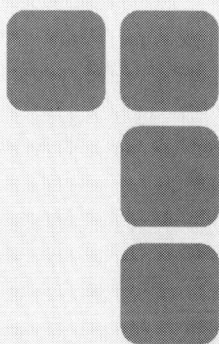

第五章

人类路径整合能力的训练与提高

本书的前四章已介绍了人类路径整合的基本现象和实验范式,总结了支持人类路径整合的自身运动信息基础,讨论了人类路径整合中的空间更新机制以及神经机制。但是,在实际的日常生活中,视力正常的人可以借助周围环境中丰富的视觉线索来完成巡航任务,这个时候人们是否还需要进行基于对自身运动估计的路径整合式空间巡航吗?这个问题需要从四个方面进行讨论。

首先,如本书前几章反复提到过的,路径整合作为一种基本的空间巡航方式,可以为巡航者提供最基本的信息。例如,巡航者可以以自身运动信息为基础,通过多个独立的路径整合对环境中的多个位置进行空间更新,获得对于环境的动态认知地图。路径整合也可以作为空间巡航中的备用与参考系统,在巡航者采用其他类型巡航时在后台执行,帮助巡航者跟踪记录自己的方位并探测其他线索是否可靠、可否使用。

其次,在一些特定的场景中,路径整合的重要性还可能进一步提高。在航海、登山、沙漠旅行等野外活动中,环境中往往缺乏容易辨认的路标。在海洋和湖泊中无法定位,也没有路标,人们如何返回出发地?科研工作者在沙漠、雪原、林海中进行科学考察时,如何辨别方向、返回营地?因此,即使是视力正常的旅行者,或多或少也需要依赖路径整合。此外,当人们去陌生的城市旅行时,如果道路狭窄、视野受限,或是环境中缺乏醒目的路标,也需要使用路径整合。在紧急突发事件现场如火灾现场中,人们因缺乏有效的环境信息而无法实现其他类型的巡航,路径整合便成为他们重要的逃生策略。因此,从某种意义上而言,研究路径整合对突发事件中的逃生和营救也具有重要意义。

第三,由于路径整合可以在完全不依赖视觉信息的条件下进行,因此路径整合可能是视力障碍人群的重要导航策略之一。中国是世界上盲人人口数量最多的国家之一,2007 年进行的第二次全国残疾人抽样调查公报中推算,当时我国视力残疾的人口(包括盲人和视力低下的人群)已达 1233 万人。因此,深刻理解人类的路径整合的现象和机制,有助于我们理解盲人的空间行为,也为如何给盲人提供合适有效的导航服务提供理论基础。

第四,人的路径整合能力与表征、转换、生成、提取非言语信息等一系列技能密切相关,比较全面地反映了人的空间能力。因此,路径整合测验也可以成为测量空间能力的有效途径。关于人类路径整合能力的评估与测量,也可能为需要较高空间能力的特殊人群(如飞行员、野外救生员等)的选拔与培训提供实证依据。

本章分为两节,分别讨论路径决策对人类路径整合的影响与人类路径整合能力的提高及其应用前景。

第一节　路径决策的影响

曾在美国加州大学伯克利分校执教多年的城市规划学家唐纳德·阿普尔亚德(Donald Appleyard)在 20 世纪六七十年代曾对位于南美洲委内瑞拉的圭亚那城的居民进行了研究。[①] 当时的城市中没有公共地图来帮助居民认识整个城市的结构,所以居民必须根据自己的日常出行经验来完善对于城市环境的认知。整个城市的居民当时大约有 3 万人,居住在城市的主干道两旁的居住点内,主干道从西向东延伸到矿山脚下,城市的主要区域被两条河流隔成几个不同的区域,但没有明确的市中心。这些特点使这个城市对空间认知研究而言具有得天独厚的优势。阿普尔亚德对城市中 200 多名成年居民进行了研究,请他们根据自己的记忆画出这个城市的全局地图和他们居住地附近的局部地图。这些居民中男女比例大约是 2∶1,其年龄、受教育水平、职业、在该城市中居住的时间也各不相同。最为关键的是,

---

① Appleyard, D. (1970). Styles and methods of structuring a city. *Environment and Behavior*, 2(1), 100-117.

其中大约一半的人平时主要搭乘公共汽车出行,1/4 的人平时主要开车或搭乘沿固定路线行驶的小巴出行。

研究结果表明,日常出行方式对居民所绘地图的影响非常明显。那些只开车出门的居民明显比那些只坐公共汽车出门的居民画得更好、更准确。当然,受教育水平、职业、社会经济地位等因素可能影响了圭亚那城居民对日常出行方式的选择,但毋庸置疑的是,不同的出行方式确实影响了他们对于环境的经验。自己开车出行的人可能探索过城市内更多的地区,并对城市的全局有更多的认识。相比之下,由于城市内没有提供公共地图,仅搭乘公共汽车出行的人们可能只对公共汽车的固定路线比较熟悉。这个研究的结果从某种程度上说明了主动探索(active exploration)如何影响人们认识周围的环境。

从婴幼儿时期开始,主动探索就影响着人们对于空间环境的认知和表征。美国德克萨斯州大学奥斯汀分校的学者南希·黑曾(Nancy Hazen)在 20 世纪 80 年代曾经进行过一项非常著名的空间认知研究。[1] 参加实验的幼儿年龄从 20 个月到 44 个月不等。在研究中,幼儿的家长先带他们到明尼阿波利斯自然历史博物馆的体验展厅里参观,并允许幼儿在展厅内自由地探索 15 分钟以亲身体验展品。实验员会记录幼儿们在展厅内进行探索的次数,并将他们的探索区分为是自己主动进行的还是由家长引导进行的,计算其中主动探索的比例。然后,家长们将幼儿带到实验室参加实验,实验室内有三个折叠式房间组成的游戏间。在幼儿熟悉了实验室环境后,他们被随机分成了两组:一组幼儿被允许在实验室内自由探索,并由实验员记录他们探索的数量及其中主动探索的比例;而另一组幼儿只是玩玩具。

实验正式开始后,实验员引导幼儿沿着游戏间内一条固定的路线行走并找到游戏间内的家长,得到食物奖励,然后从游戏间的后门走到外面。如此反复四次,直到幼儿学会这条路线,即无须实验员引导也能按照这条路线走进去找家长。在那之后,实验员请幼儿完成返回、绕路、寻找新路这三种

---

[1] Hazen, N. L. (1982). Spatial exploration and spatial knowledge: Individual and developmental differences in very young children. *Child Development*, 53 (3), 826-833.

实验任务,并记录他们的反应。在返回任务中,实验员把游戏间的后门掩藏起来,请幼儿按照进来的路线原路返回;在绕路任务中,实验员把幼儿之前已熟悉的路堵上,请他们自己找到其他路线走进游戏间找家长;在寻找新路任务中,实验员把幼儿带到游戏间内一个他们之前没去过的地点,请他们从那里开始寻路找家长。这三种任务实际上都测量了幼儿对游戏间的空间知识。实验结果表明,在博物馆进行主动探索较多的幼儿,在实验室内进行主动探索也较多,而且在返回、绕路、寻找新路这三项测量空间知识的实验任务中表现也更好。这个研究结果再次表明了主动探索从生命的早期就已经开始影响人们对周围环境的认识。那么,"主动探索"的含义究竟是怎样的呢?

一、主动探索的含义

纵观过去几十年的研究文献,我们可以发现"主动探索"这个术语在研究中涉及两个因素。一个因素是人们在空间巡航中能够控制自身的运动,也就是说身体的主动性;另一个因素是人们在空间巡航中能够对自身的运动做出决策,也就是心理的主动性。如果综合考虑这两个因素,实际上一共有四种情境,如表5.1所示。如果从这两个因素进行分析,在不同的实验任务情景中,空间巡航者的主动性是不同的。

表 5.1　空间巡航中主动探索所代表的四种情景

		心理的主动性	
		是	否
身体的主动性	是	控制运动、做决策	控制运动、不做决策
	否	不控制运动、做决策	不控制运动、不做决策

我们也可以从运动的模式来区分不同的任务场景。需要考虑的因素包括运动的发起者、运动的执行者、被试可能获得的感知觉信息类型。如表5.2所示,在真实世界之中进行的实验任务,主要分为被试自然行走、被试蒙住眼睛由实验员引导行走、被试坐在轮椅上由实验员推行、被试蒙住眼睛坐在轮椅上由实验员推行这四种。被试自然行走是由自己发起、自己执行

的运动形式,被试可以通过视觉信息以及本体觉、前庭觉等体感信息来知觉自己的行动。被试蒙住眼睛由实验员引导行走,是由他人发起、自己执行的运动。这种运动形式排除了视觉信息,只向被试提供本体觉、前庭觉等体感信息。被试坐在轮椅上由实验员推着轮椅行进,是一种由他人发起、他人执行的运动形式,被试可以获得视觉信息和前庭觉信息。被试蒙住眼睛后坐在轮椅上由实验员推行,也是由他人发起、他人执行的运动,但这种运动形式排除了视觉信息而只提供前庭觉信息。

表 5.2　真实世界中空间巡航任务中不同的运动形式

任务情景	运动发起者	运动执行者	视觉	本体觉	前庭觉
自然行走	自己	自己	有	有	有
蒙住眼睛由实验员引导行走	他人	自己	无	有	有
坐轮椅由实验员推行	他人	他人	有	无	有
蒙住眼睛坐轮椅由实验员推行	他人	他人	无	无	有

在以上这四种运动形式中,被试只有在自然行走的任务情景中才能完全控制自己的行动,具有身体上的主动性,才有可能被归为主动探索。在其他三种任务情景中,被试的运动都是由他人发起的,因此无论是否由自己执行运动的过程,都无法实现主动的探索。值得注意的是,在自然行走和坐在轮椅上由实验员推行这两种任务情景中,如果周围环境提供其他视觉信息如路标等,被试也可以感知到。因此,如果要使用这两种任务情景来研究路径整合,需要非常小心地控制环境中的视觉线索。

虚拟现实所具有的互动性特点,为研究主动探索提供了便利的条件。如本书第二章所介绍的,如果在研究中使用虚拟现实,被试的运动可以分为真实运动和虚拟运动两种。综合考虑研究目的、实验设备、场地条件等诸多因素后,研究者可以让被试同时进行物理平动和转动,同时进行虚拟平动和转动,或是采用真实运动和虚拟运动混合的形式,例如虚拟平动配合物理转动(见第二章的表 2.1)。

从运动的模式来看,在虚拟世界中进行空间巡航的任务情景主要是由被试自行发起并执行运动。虚拟现实的互动性特点让使用者能够自己控制自己的行动,而且为使用者的动作提供瞬时的感知觉反馈。换言之,使用者的动作会影响他们能从虚拟环境中知觉到的信息,而这些知觉信息又是由研究者严格控制的。因此,无论被试进行的是平动还是转动,是物理运动还是虚拟运动,这些运动均可以由他们自己发起并完成。从身体主动性的角度而言,在虚拟世界中进行的探索往往可以被称为"主动探索"。

在研究中,为了与主动探索进行对比,研究者也往往会采用被动暴露(passive exposure)作为控制条件,包括给被试观看静态和动态视觉刺激两种。静态刺激一般是多幅场景图片,两张图片的拍摄之间会有时间间隔,因此可能存在突然的视角变化,是对场景的不连续呈现。相比之下,动态刺激往往是研究者事先录制好的巡航视频,是对场景的连续呈现。研究者让被试以第一人称的视角观看在环境中行进的视频,模拟那种由其他人发起、其他人执行的运动。

从心理的主动性而言,在空间巡航中能够做出的空间决策主要有三类。第一类决策是整个空间巡航过程的开始或停止,这往往决定了被试在环境中进行主动探索的时间。在不同的研究中,研究者可能会限定探索环境的总时间,也可能令被试自行决定什么时候停止探索环境。第二类决策是运动的方向。如果环境是非结构化的开放式空间,那么意味着被试可以自由地选择任意的方向;如果环境是已设置路径的结构化环境,那么意味着被试可以在多个路径中选择一个路径,作为自身运动的方向。第三类决策是沿特定方向运动的距离、速度,以及加速度。在虚拟现实实验中,研究者一般会令被试以事先设计好的速度匀速前进,那么需要被试决策的就只有运动的距离了。

在检验路径整合的路径完成任务中,外出路径往往是研究者在实验开始前就已经决定好的。具体而言,研究非视觉路径整合的实验往往是由实验员引导被试完成外出路径,再由他们自行返回起点或是指出起点的方向。在这种情况下,为了较好地控制实验条件并记录被试的返航反应,研究者自然要事先设计好外出路线。在研究视觉路径整合的实验中,呈现光流的虚拟环境也需要在实验前设计完毕,因此这类研究中使用的外出路径也往往是设计好的。

当然,根据研究目的,研究者也可以设计相应的任务情景,令被试在一定程度下可以选择自己的路径,拥有对路径的决策权。那么,拥有路径决策权会如何影响人类的空间学习和路径整合呢?

二、路径决策与空间学习

在本书的第三章中,我们曾经谈到过人们对物体位置和空间关系的表征,可能是以自我为参照系或环境为参照系,这实际上是从参照框架来对空间表征进行分类分析。除了参照框架之外,研究者也往往从朝向特异性、组织结构、存储内容等角度对空间表征进行分类。其中,根据空间表征存储的信息内容,空间表征也可以分为对路线知识(route knowledge)和结构知识(survey knowledge)的表征。

路线知识主要包括一系列标志物及与之相关的运动信息,即地点与行动之间的联结,尤其是与路口等某些关键位置相关的身体旋转。例如,"沿着滨海大道一直走,看到麦当劳向左拐"就是非常典型的路线知识。结构知识则像是人脑海中的地图一样,包含环境中不同地点之间的距离度量和方向信息。本书多次提到的"认知地图",就是一种非常典型的结构知识。对于空间环境中的拓扑图形结构信息,有的学者认为它也属于结构知识,而有的学者则认为它是介于路线知识和结构知识之间的图形知识(graph knowledge),并具体区分为拓扑图形知识(topological graph knowledge)和标记图形知识(labeled graph knowledge)。[①] 其中,拓扑图形知识是关于哪些结点彼此相连的信息,即环境中哪些地点是通过路径相连的。由于路线知识主要来源于人在环境中的直接经验,尤其是之前曾经走过的路线,因此人们如果仅凭路线知识是无法想到其他可能的、他们之前没有走过的路线的。拓扑图形知识提供了关于地点之间联结性的信息,使人们能够把一些熟悉的路段组合起来,想到新的路线。

举个例子来说,假设我要从清华大学明斋出发,到校园内的清芬园教师餐厅吃午饭。如图 5.1 中的黑色实线路线所示,如果我对环境不太熟悉而且只走过一条路线(从明斋正门出来后向左拐,沿着至善路一直走到听涛园后向右拐到学堂路上,清芬园食堂在我的左侧),而且只会这一条路线,就说

---

① Chrastil, E. R., & William, W. H. (2014). From cognitive maps to cognitive graphs. *PLOS ONE*, 9(11), e112544.

明我具有路线知识。这条路线简单直接,但交通高峰时间过于拥挤和嘈杂。如果我对校园环境更熟悉一些,就会知道从明斋西门出来后向左拐,沿着熙春路向前走到小桥后向左拐,沿着校河一直走到校团委楼后向右拐,走到路口时清芬园就在我的左侧(即图 5.1 中虚线路线)。这条路虽然有些绕远,但是环境清幽,尤其是春天时校河两侧桃花盛开,景色美不胜收。如果我能走出这样的路线,说明我至少具有了关于环境的拓扑图形知识,能将不同的地点(从明斋到校团委、从校团委到清芬园)连接起来。但是,如果要让我判断明斋与清芬园之间的直线距离,则需要以结构知识为基础。

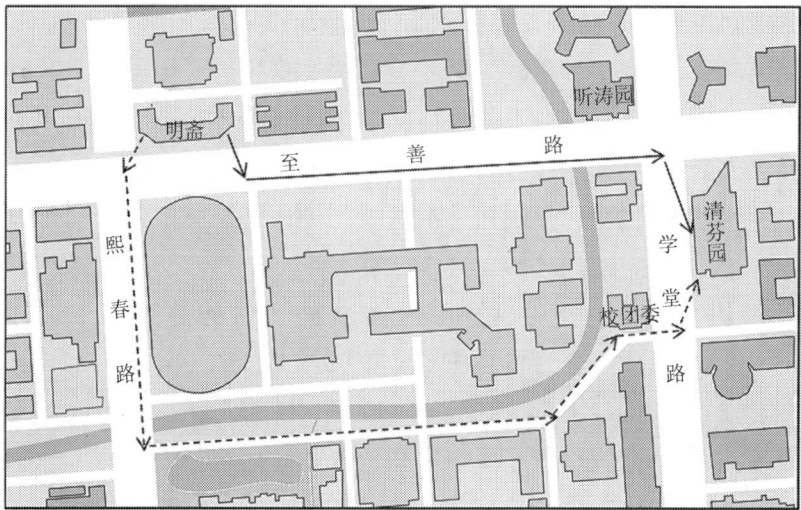

图 5.1　基于路线知识和拓扑图形知识的不同路线示意图

那么,拥有路径决策权如何影响人们对空间知识的获得呢?法国学者帕特里克·佩吕什(Patrick Péruch)等人的研究发现,当人们能控制自己的运动也能做出路线决策时,完成巡航任务比只是被动地观看别人探索环境的录像或图片后更好。[①] 他们采用桌面式虚拟现实呈现了一个 50 米长、40 米宽的房间,比较主动探索和被动暴露后人们在寻路任务中的表现。这个

----

① Péruch, P., Vercher, J., & Gauthier, G. M. (1995). Acquisition of spatial knowledge through visual exploration of simulated environments. *Ecological Psychology*, 7(1), 1-20.

房间的四周有围墙,房间内也设置了一些内墙来阻隔视线和运动的路线,并在房间的地上放置了红、蓝、黄、绿 4 个立方体。在不同的试次中,内墙和立方体的位置不同,因此形成了多种不同的空间环境。佩吕什等人使用了被试内设计(within-participants design),让每位被试分别通过主动探索(用操纵杆控制自己的行动而在虚拟空间中探索 4 分钟)、动态被动(观看事先录制好的巡航视频)、静态被动(观看事先拍摄好的场景图片)学习不同的空间环境后,再从指定的起点开始寻路找到指定的立方体。

实验结果表明,被试在三种方式的空间学习后都在一定程度上掌握了关于环境的空间知识,在寻路任务中的成绩显著优于随机水平;而且被试在主动探索后比被动学习后寻路更为准确。但是,研究者也发现了明显的个体差异:一部分被试在三种学习条件下的表现都很好或都很差;而另一部分被试在主动条件下的表现很好,在被动条件下的表现则较差。这样的研究结果表明了主动探索对于空间知识掌握的促进作用。但值得注意的是,在这个研究的主动探索条件下,被试同时拥有对运动的控制和对路径的决策权,在身体上和心理上都是主动的;而在两种被动暴露条件下,被试既不能控制运动,也不能对路径做出决策。因此,我们无法区分究竟是对运动的控制还是对路径的决策权促进了被试的空间学习。

英国莱斯特大学的学者保罗·威尔逊(Paul Wilson)等人对身体和心理的主动性进行了进一步的区分。[①] 他们使用桌面式虚拟现实呈现了一个面积较大的虚拟空间,四周有围墙,空间内有隔断墙,并设有教堂、房屋等建筑。在实验一中,威尔逊等人采用了被试间设计(between-participants design),将被试分配到心理和运动均主动、心理和运动均被动、心理主动但被动运动、心理被动但主动运动这四个实验条件中。具体而言,他们让一些被试两两一组坐在计算机屏幕前,组内的一位被试自己操纵键盘在虚拟环境中自由地探索(心理和运动均主动组),而另一位被试则只是观看计算机屏幕呈现的探索过程(心理和运动均被动组);另一些被试也是两两一组,组内的一位

---

① Wilson, P. N., Foreman, N., Gillett, R., & Stanton, D. (1997). Active versus passive processing of spatial information in a computer-simulated environment. *Ecological Psychology*, 9(3), 207-222.

被试拥有对路径的决策权但不控制键盘（心理主动但被动运动），通过言语指导另一位被试如何操纵键盘进行探索（心理被动但主动运动）。

当心理主动的两组被试觉得自己已经对环境足够熟悉时，所有被试均停止了对环境的学习。任务要求每位被试在每个虚拟建筑的内部通过操纵键盘进行虚拟的转动，面向其他建筑的方向（朝向任务），最后画出整个环境的地图。实验结果表明，无论是在朝向任务还是地图绘制任务中，主动组和被动组的表现之间并没有显著的差异。在实验二中，威尔逊等人重建了与佩吕什等人实验一样的虚拟环境，并采用被试间设计重复他们的寻路实验。具体而言，他们令被试两两一组坐在计算机屏幕前，一位被试做路径决策并控制键盘，在虚拟空间内自由探索 4 分钟（心理与运动均主动），另一位被试只是被动地观看（心理与运动均被动）。但是，实验二的结果并没有表明主动与被动组在寻路任务中的表现有任何显著的差异。

在后续的研究中，威尔逊仍采用被试间设计，通过指导语让被试把注意力更多地集中在对环境中虚拟建筑内的物体的位置记忆上，而把朝向测试作为次要任务，但是仍未发现主动探索对空间任务有显著的促进作用。[①]这些实验结果表明，威尔逊等人没有能够重复佩吕什等人的结果，并不是虚拟环境的复杂性、任务的差异或被试的注意力分配造成的。

综合来看，佩吕什等人与威尔逊等人在研究中获得不一致的结果，原因可能是多种多样的。一方面，佩吕什等人采用的是被试内设计，每位被试按照平衡后的顺序在所有实验条件下参加实验；而威尔逊等人采用的是被试间设计，不同的被试在不同条件下参加实验。就实验方法学而言，被试内设计可能本身就比被试间设计对于和学习有关的效应更敏感。另一方面，佩吕什等人和威尔逊等人在研究中采用的被动条件也不相同：前者使用的是统一制作好的视频和图片，后者采用的是主动条件下被试做出路径决策后形成的巡航视频，导致后者的研究中体现出更多的个体差异，使研究者更难发现统计上显著的效应。此外，佩吕什等人在研究中给主动探索条件下的被试非常具体的建议，指导他们沿着围墙探索，而且每个靶子位置至少要学

---

① Wilson, P. N. (1999). Active exploration of a virtual environment does not promote orientation or memory for objects. *Environment and Behavior*, *31*(6), 752-763.

习两遍。因此,他们的被试并不是完全自由地进行探索,研究中所发现的主动探索效应,也有可能是因为这种来自研究者的建议是一种十分有效的主动学习策略。

最近,美国布朗大学的伊丽莎白·克雷斯蒂尔(Elizabeth Chrastil)和威廉·沃伦(William Warren)利用头盔式虚拟现实进行了一系列研究,探讨路径决策权和本体觉信息如何交互作用并影响人们获得内容不同的空间表征。[①] 在 2014 年发表的研究中,他们也采用被试间的实验设计,将被试随机分为六组,分别以不同的形式学习同一个 12 米长、11 米宽的虚拟迷宫,迷宫内放置了八个靶子物体。第一、二组被试在迷宫内行走(真实平动与转动),均利用视觉、本体觉、前庭觉信息来感知自身运动;但第一组是自由地行走而拥有对路径的决策权,而第二组则是被虚拟标记引导着走第一组被试选择的路线。第三、四组被试都是坐在轮椅上由实验员推行(真实平动与转动),均可以利用视觉和前庭觉信息来感知自身运动;但第三组是自己决定行走的方向并告知实验员应往哪里推轮椅,而第四组则是由实验员沿着自由行走组(第一组)选择的路线推行。第五、六组被试则是保持身体静止不动而观看虚拟场景(虚拟平动与转动),均只凭视觉信息去感知自身运动;但第五组按键盘控制虚拟场景的转换,而第六组则是观看自由行走组(第一组)选择路径所产生的巡航视频。

在空间学习阶段结束后,迷宫消失,研究者要求所有的被试进行捷径任务。在这个任务中,所有被试都从研究者指定的起点开始,指向记忆中靶子的方向,再直接走向靶子的位置。实验结果表明,是否对路径进行决策并不会影响被试在捷径任务中的表现,表明路径决策并没有显著地影响人们对于结构知识的获得。但是,行走组的被试在捷径任务中对靶子方向的判断误差要显著小于观看视频组,而轮椅组和视频组的表现则没有显著的差异。这样的研究结果说明了本体觉信息对获得空间结构知识是非常重要的。

---

① Chrastil, E. R., & William, W. H. (2014). Active and passive spatial learning in human navigation: Acquisition of survey knowledge. *Journal of Experimental Psychology: Learning, Memory, and Cognition*, 39(5), 1520-1537.

在后续的研究中,克雷斯蒂尔和沃伦研究了路径决策权和本体觉信息如何交互作用影响人们对路线知识和图形知识的获得。[①] 他们仍然采用被试间的实验设计,将被试随机分为四组,分别以自由行走(有路径决策权)、受引导行走(无路径决策权)、自由视频学习(有路径决策权)、观看视频(无路径决策权)这四种不同的形式学习前面描述过的虚拟迷宫及靶子。在空间学习阶段结束后,迷宫仍然存在,研究者让所有被试进行最短路径任务(shortest route task)。这个任务与前面提到的捷径任务有相似之处,但也有重要的差别。一方面,最短路径任务的基本要求仍然是让被试从研究者指定的起点开始,走到记忆中靶子的位置。但与捷径任务中迷宫消失的情景不同的是,在最短任务中迷宫仍然是存在的,而且被试也不能穿墙而过。因此,被试必须沿着迷宫中已有的路线行走,直到到达记忆中的靶子处。该实验会要求被试完成多个试次,而研究者分别计算其中被试正确走到靶子、走出新路径(在前面学习阶段没有走过)、走出最短路径(被试所走的路径是所有可能的路径中行程距离最短的)的试次的比例。

实验结果表明,有路径决策权的自由行走组比没有路径决策权的受引导行走组正确走到靶子的比例更高,而自由视频学习和观看录制好的视频学习的两组被试在反应正确率上则没有显著的差异。尤为重要的是,在所有被试走出的路线中,有超过一半以上的路线是他们学习阶段没有走过的路线,说明他们能把空间学习中学会的路段联系起来,获得地点之间的联结信息,走出新的路线。这样的研究结果说明人们确实能从空间学习中获得关于环境的图形信息,而且在依赖本体觉信息感知自身运动的情况下,路径决策权也许有助于人们获得图形信息。

尽管克雷斯蒂尔和沃伦的研究成果从一定程度上表明了路径决策对于空间学习的促进作用,但他们的结果从本质上而言与威尔逊等人的结果是一致的。克雷斯蒂和沃伦利用头盔式虚拟现实实现的自由视频学习和观看录制好的视频学习条件,分别与威尔逊等人利用桌面式虚拟现实实现的主

---

① Chrastil, E. R., & William, W. H. (2015). Active and passive spatial learning in human navigation: Acquisition of graph knowledge. *Journal of Experimental Psychology: Learning, Memory, and Cognition*, 41(5), 1162-1178.

动探索(心理和运动均主动)和被动观看探索过程(心理和运动均被动)两种条件十分相似。与威尔逊等人的研究结果一致的是,克雷斯蒂尔和沃伦在研究中也同样没有发现这两个条件之间的显著差别。克雷斯蒂尔和沃伦的研究的突出贡献,主要在于阐释了路径决策权影响空间学习的边界条件,包括本体觉信息与路径决策权的交互作用,以及路径决策权所影响的空间表征的具体类型。

但是,克雷斯蒂尔和沃伦的研究也存在一些问题。第一,他们通过比较自由行走组与其他组在空间任务中的表现来检验路径决策权对空间表征的影响。尽管不同组被试进行的空间学习的形式不同,但所有被试在测试中都需要从起点走向记忆中靶子的位置,也就是在自由行走的条件下进行测试。因此,以自由行走形式进行空间学习的一组被试就有可能受益于学习与测试情景中的一致性或情景效应,因而在测试中比其他组表现更好。第二,研究结果并没有提供直接的实验证据,表明路径决策权对图形知识的贡献。研究者只是分别证明了所有被试走出的大部分路线中有一半以上是新路线,及自由行走组被试比被引导行走组被试正确走到靶子的比例更高。在这两点实验证据基础上,研究者推断出被试从空间学习中获得了图形知识,且自由行走组被试在路线测验中表现更好。如果要证明路径决策权有助于被试获得图形知识,直接的实验证据应该为自由行走组比引导行走组走出新路线的比例更高,但实验结果并没有证明这一点。

总而言之,关于路径决策对于空间学习的影响,已有研究做出了一定的探索,并提供了初步的实验证据。但是,仍然缺乏直接、统一的实验证据,证明对路径进行决策能够促进人对空间环境的学习。此外,现有的研究结果表明,即使这种效应存在,也是比较微弱的效应,容易受到各种因素的影响。那么,路径决策权又是如何影响人们的路径整合呢?

三、路径决策与人类路径整合

如果人们在"主动探索"的条件下只是能够控制自身的运动而不做出路径决策,他们在路径整合中的表现并不比只是被动地学习环境后更好。在一项研究中,研究者利用桌面式虚拟现实呈现城市或乡村中的道路,比较被试在主动探索、动态被动(通过观看视频学习)、静态被动(通过观看快照学习)三种不同形式的空间学习后在指向任务、场景再认、路形绘制任务中的表现。[1] 在这里的主动探索条件下,被试也是按照实验员提供的指导语(如"向左拐""第二个路口右拐"等)通过操纵杆进行虚拟平动和转动,因此并不需要做出任何路径决策。实验结果表明,探索的类型没有影响被试路径整合和对场景的再认,但是在快照探索条件下绘制路形出现的错误会比另外两种条件更大。在这个研究中,所有的被试均不做出路径决策,主动探索与另外两种条件的区别,主要在于前者用手操作操纵杆来控制自己在虚拟环境中的运动,也就是拥有了对运动的控制以及视觉和运动之间的交互作用。此外,虚拟环境中也存在比较丰富的视觉信息,因此这个研究中的指向任务也并不是对路径整合的严格测量。

约翰·菲尔贝克(John Philbeck)等人的研究则支持路径选择权可能会有助于人类的路径整合。[2] 在实验开始时,他们先让所有被试都完成一组路径完成任务,为每个人建立了一个反应基线。具体而言,被试被蒙上眼睛,由实验员引导着走完包含两个路段的外出路径,再自行走回起点。然后,实验员将被试分为几组,其中一组在"主动控制"的条件下进行路径完成任务。如图 5.2 举例所示,这一组被试在被蒙上眼睛之前,有机会预览一下外出路径的终点(B 点)在哪里;然后,他们才被蒙上眼睛,由实验员引导着从起点 H 出发,走完第一段外出路径(从 H 点到 A 点)。在那之后,这些被试需要从第一个路段的终点(也就是第二个路段的起点)自行走到之前预览过的外出路径的终点(从 A 点到 B 点),再自行走回整个外出路径的起点(从 B 点到 H 点)。尽管第二个路段的起点和终点仍然是由研究者决定的,

---

① Gaunet, F., Vidal, M., Kemeny, A., & Berthoz, A. (2001). Active, passive and snapshot exploration in a virtual environment: Influence on scene memory, reorientation and path memory. *Cognitive Brain Research*, 11(3), 409-420.

② Philbeck, J. W., Klatzky, R. K., Behrmann, M., Loomis, J. M., & Goodridge, J. (2001). Active control of locomotion facilitates nonvisual navigation. *Journal of Experimental Psychology: Human Perception and Performance*, 27(1), 141-153.

但是被试确实获得了第二个路段的决策权和运动控制。实验结果表明,主动控制条件下的被试在返回起点的任务中表现比基线对照条件下更好。

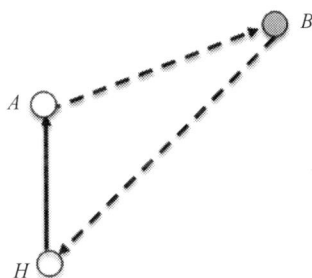

图 5.2　部分路径主动选择任务示意图

这样的研究结果在一定程度上表明,对外出路径拥有更多的主动控制有可能有助于提高人的路径整合表现。但值得注意的是,这里的"主动控制"条件下,被试同时拥有对部分外出路径(两个外出路径中的第二段)和自身运动的控制,而在基线条件下,被试既不能完全控制自己的行动(需要由实验员引导行走),也不能做任何路径决策。因此,我们无法区分两者之间的差别是源于对运动的控制,还是对部分路径的决策。此外,即使是在第二段路径进行决策时,被试也是以走向预览过的终点为目标,并不是自由地进行路径决策。

相比之下,我们的研究利用虚拟现实工具的技术优势,首次给予被试对于外出路径中所有路段的路径决策权,并排除运动控制的影响,而只研究这种心理的主动性对人类路径整合的影响。[①] 我们建立了一个"寻找金苹果"的实验任务,以及"主动选择"和"被动跟随"这两种关键的实验条件。在主动选择的实验条件中,我们告诉被试,实验在一个地下藏着很多金苹果的虚拟世界中进行,而他们的任务就是在这个世界中自由探索并寻找金苹果,每次找到一个金苹果就把它带回起点(如图 5.3 所示)。实验场景中,被试可以自由地选择路径去寻找金苹果,并在经过几个路段后找到金苹果。相比

---

① Wan, X., Wang, R. F., & Crowell, J. A. (2010). The effect of active selection in human path integration. *Journal of Vision*, 10(11), Article 25, 1-11.

之下,在被动跟随的条件中,被试只是沿着其他被试事先选择好的外出路径运动,见到金苹果之后就把它带回起点。在这两种条件下,被试都对自己的运动有控制权,并以完全相同的知觉信息来感知自身运动;两者唯一的差别就是被试在主动选择条件下有路径决策权,而在被动跟随条件下没有路径

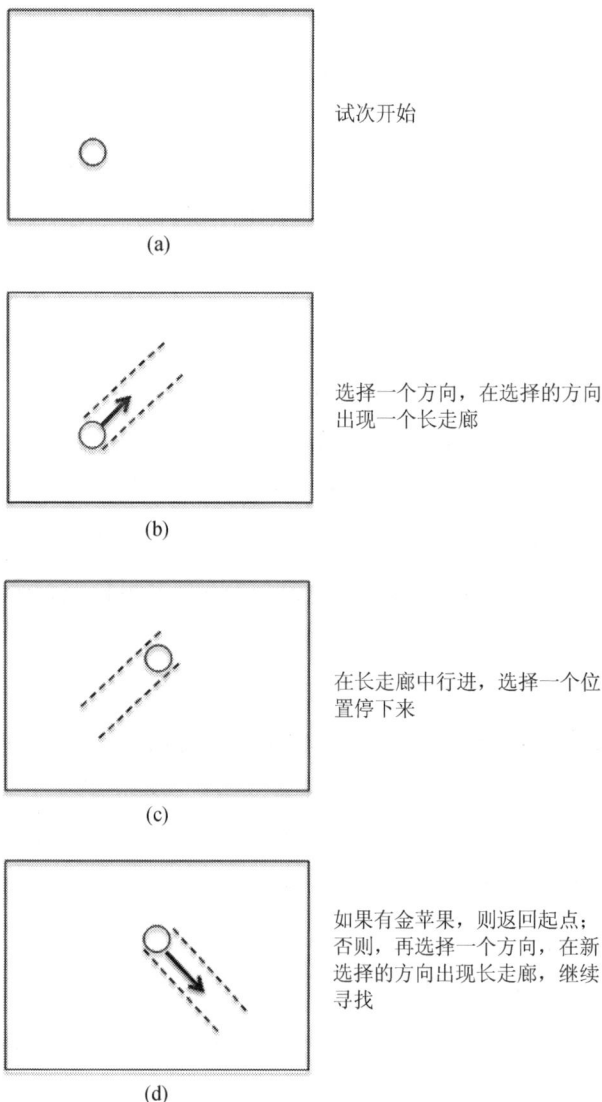

试次开始

(a)

选择一个方向,在选择的方向出现一个长走廊

(b)

在长走廊中行进,选择一个位置停下来

(c)

如果有金苹果,则返回起点;否则,再选择一个方向,在新选择的方向出现长走廊,继续寻找

(d)

图 5.3　寻找金苹果任务示意图

决策权。实验结果表明,无论主动组的被试是在非结构化的环境中进行自由的选择,还是在结构化的环境中在现有路径中进行迫选,主动选择和被动跟随条件下的路径完成之间均不存在显著的差异。

但是,综合考虑这两项研究,就会发现表面看起来互相矛盾的结果,也有可能是研究方法上的差异造成的。这两项研究中,至少存在四方面重要的差异可能对结果产生了影响。第一,在这两个研究中,支持路径整合的自身运动信息不同,导致路径整合的类型不同。菲尔贝克等人研究的是非视觉路径整合,而我们的研究提供光流和关于旋转的身体感觉信息来支持路径整合。第二,两个研究中的"主动"意义不同。在菲尔贝克等人的研究中,主动条件下被试能够控制自己的运动,并对外出路径进行部分决策;而基线条件下被试既不能完全控制自己的行动,也不能做出任何路径决策。在我们的研究中,主动和被动条件下被试都能控制自己的运动,但只有在主动条件下被试拥有对路径的决策权。第三,菲尔贝克等人使用了被试内比较,即将一个人自己在"主动"和基线条件下的路径整合进行比较;而我们采用的是被试间比较,即将一个人在主动条件下的路径整合表现与另一个人在被动条件下的路径整合表现进行比较。第四,在菲尔贝克等人的研究中,所有人都有两次机会完成任务,一次是实验一开始的基线任务,而另一次是后面的主动条件下的任务;而在我们的研究中,每人只有一次实验的机会,主动或被动。这些方法学上的差别都有可能影响实验的结果,需要进一步的研究。

无论如何,这些相互矛盾的研究结果至少说明,路径选择权对于人类路径整合的积极作用,也同它对于空间学习的促进作用一样,缺乏稳健性。实验中的许多细节都会影响实验的结果。此外,我们也分析了我们的研究中被试在路径选择中表现出的倾向性,发现被试倾向于在两个路段的交叉点选择近似 $90°$ 的直角。这样可能是为了简化他们的外出路径的构型,而简化后的外出路径可能令在主动和被动条件下的被试同时受益。除了感知觉因素之外,人的计划与动机等非认知因素对路径整合的影响,可能更胜于路径选择权的影响。

正如本书反复提到的,大量研究都表明路径整合确实是人类普遍具有的一种空间能力,从普通人到盲人,从青少年到老人,都可以进行路径整合。

但是,尽管人也可以进行路径整合,成绩却不如动物。[①] 这是为什么呢? 从表面上来看,至少有两种可能性。第一种可能性是人类和其他动物的路径整合研究在方法学上存在差异。在本书第一章介绍过的路径完成任务中,人没有机会主动选择自己要走的路径,而动物的觅食研究中则有机会自己择路。那么,如果在人类路径整合的实验研究中,也给予被试主动选择路径的机会,是否会提高人们在路径完成任务中的表现呢? 本节中总结的研究结果表明,通过给予被试路径选择权来提高人类的路径整合表现,并不是一种行之有效的方法。另外一种可能性是人在日常生活中缺乏实践和练习的机会。如果对被试进行有针对性的训练,是否能改善他们的路径整合表现? 本章第二节将重点讨论这方面的内容。

第二节　人类路径整合能力的提高

空间能力是关系人类生存和繁衍的重要能力,是智力结构的重要成分,个体之间的差异非常明显。空间能力被定义为表征、转换、生成和提取非言语信息的技能,包括空间知觉、心理旋转、空间想象三个方面。其中,男性在空间知觉和心理旋转这两个方面的表现均比女性出色。[②] 有的学者认为这种性别差异具有一定的神经生理基础,有的学者认为与经验和社会期望有关,也有的学者认为是天生的倾向与后天的经验相互作用。[③] 对于空间巡航而言,也有学者发现男性可能比女性更偏好关于空间布局的结构信息,并在空间巡航中更倾向使用基于结构知识的定向策略来完成寻

① Passini，R.，Proulx，G.，& Rainville，C. (1990). The spatio-cognitive abilities of the visually impaired population. *Environment and Behavior*，22(1)，91-118.

② Linn，M. C.，& Petersen，A. C. (1985). Emergence and characterization of sex differences in spatial ability: A meta-analysis. *Child Development*，56(6)，1479-1498.

③ Newcombe，N.，Bandura，M. M.，& Taylor，D. G. (1983). Sex differences in spatial ability and spatial activities. *Sex Roles*，9(3)，377-386.

路任务。① 除了少数专门关注性别差异的研究之外，人类路径整合研究一般会把被试的性别作为控制变量，使两性被试人数相等或是仅邀请一种性别的被试参加实验。在控制了性别的影响之后，人的路径整合能力仍存在十分明显的个体差异。

一、人类路径整合中的个体差异

随着老龄化社会的来临，人类路径整合能力中与年龄有关的差异受到比较多的关注。如本书第四章所提到的，人的海马和内嗅皮层对于路径整合很关键，而这两个区域都随着老化而发生退行性变化，人的路径整合能力因此受到影响也就在所难免。多项研究一致表明，基于光流的视觉路径整合能力随着老化受到损害。②③④ 这些研究均采用桌面式虚拟现实比较了老年和青年被试在三角形完成任务和路径再现等任务中的表现。结果一致表明老年被试可以仅凭光流信息进行三角形完成任务，但是他们在返回起点的准确性方面比青年被试要差，即使虚拟环境中提供路标来辅助路径整合也是如此。

基于体感信息的非视觉路径整合也随着老化受到损害。在一项研究中，青年被试和平均72岁的老年被试都进行三角形完成任务。⑤ 他们被蒙住眼睛，由实验员引导或是坐在轮椅上由实验员推行完成外出路径；当达到

---

① Lawton，C. A. (1994). Gender differences in way-finding strategies：Relationship to spatial ability and spatial anxiety. *Sex Roles*，*30*(11)，765-779.

② Mahmood，O.，Adamo，D.，Briceno，E.，& Moffat，S. D. (2009). Age differences in visual path integration. *Behavioural Brain Research*，*205*(11)，88-95.

③ Adamo，D. E.，Briceno，E. M.，Sinedone，J. A.，Alexander，N. B.，& Moffat，S. D. (2012). Age differences in virtual environment and real world path integration. *Frontiers in Aging Neuroscience*，*4*，Article 26，1-9.

④ Harris，M. A.，& Wolbers，T. (2012). Aging effects on path integration and landmark navigation. *Hippocampus*，*22*(8)，1770-1780.

⑤ Allen，G. L.，Kirasic，K. C.，Rashotte，M. A.，& Haun，D. B. M. (2004). Aging and path integration skills：Kinesthetic and vestibular contributions to wayfinding. *Perception and Psychophysics*，*66*(1)，170-179.

外出路径的终点后,任务要求被试自己走回起点。实验结果表明,在走过外出路径后,老年人和青年人在路径完成任务中的表现没有显著差异;但当他们是坐在轮椅上由实验员推行经过外出路径时,老年人比年轻人在路径完成任务中的成绩更差。这样的实验结果揭示人类路径整合能力中与年龄有关的差异,以及本体觉信息对于老年人进行路径整合的重要性。这样的结果也表明,当老年人坐在轮椅上由其他人推着出行时,更有可能迷失方向,尤其是当视觉和听觉信息也很缺乏时。

另一方面,由于路径整合是基于对自身运动信息的整合,因此运动经验对人的路径整合能力的影响,也是研究者感兴趣的课题。在一项研究中,运动员和非运动员蒙着眼睛以三种不同的速度(慢速、正常速度、快速)走到一个事先预览过的地点。[1] 当他们行走的速度是快速的时候,运动员走过去的准确率要显著高于非运动员,说明他们的运动经验很有可能改善了他们对内源性自身运动信息的校正能力。在另一项研究中,研究者请体操运动员和非运动员都在蒙住眼睛行走的情况下进行三角形完成任务。[2] 结果表明,体操运动员在对起点的方向判断方面比非运动员更准确,但对于外出路径终点与起点之间的直线距离的判断准确性则不如非运动员。

不同类型的运动经验对人类路径整合能力的影响也不相同。在一项非视觉路径整合研究中,所有被试均为英国布里斯托大学的中青年男性,一半为这所大学英式橄榄球俱乐部的运动员,另一半为大学柔道协会的运动员。[3] 实验在室外运动场进行,所有被试都蒙住眼睛并戴着播放白噪声的耳机,由实验员引导着走完包括两个路段的外出路径,再自行走回起点。实

---

① Bredin, J., Kerlirzin, Y., & Israël, I. (2005). Path integration: Is there a difference between athletes and non-athletes? *Experimental Brain Research*, 167(4), 670-674.

② Carcia Popov, A. (2009). *The effect of gymnastics training on blind navigation ability and attentional demand in a triangle completion task*. University of Ottawa, Ottawa.

③ Smith, A. D., Howard, C. J., Alcock, N., & Cater, K. (2010). Going the distance: Spatial scale of athletic experience affects the accuracy of path integration. *Experimental Brain Research*, 206(1), 93-98.

验结果表明,两组运动员在对距离进行估计的准确率上没有显著差别,但英式橄榄球运动员在对方向的估计上比柔道运动员更准确,在三角形完成任务中返回起点的位置误差也更小。这可能是因为英式橄榄球运动员在场地运动中有更多机会练习如何校正内部线索,而且英式橄榄球作为一种群体项目本来就要求运动员在有无视觉线索的情况下都能对空间位置进行估计。相比之下,柔道运动员在运动中则更关注自己身体周围的场地。

这些实验结果说明,运动训练有可能提升人的路径整合能力。那么,普通人通过训练能否提高路径整合能力呢?在一项关于视觉路径整合的研究中,研究者发现,如果被试在正式实验前的训练中可以知道自己返回起点的准确性,也有机会鸟瞰走过的路径,对他们在之后进行正式的路径完成任务会有一定的帮助。[1] 这样的研究结果说明人类路径整合能力是可以提高的,我们对此做出了进一步的研究。

二、人类路径整合的练习效应

我们的研究表明,重复地在相同空间布局(spatial configuration)的外出路径上进行路径完成任务可以提高被试的任务表现。[2]

在第一个实验中,我们请一组大学生被试在包含 5 个路段的外出路径上进行路径完成任务。我们采用头盔式虚拟现实设备和路段式迷宫,每个外出路径均包括 5 个路段,每个外出路径内所有路段长度一致(统一为 3 米或 5 米长),两个路段之间的夹角为顺时针方向或逆时针方向的 60°。如图 5.4 所示,我们采用三种基本的空间布局,分别用 A、B、C 表示。具体而言,A_1、B_1、C_1 是使用了这 3 种空间布局的外出路径;外出路径 A_2、B_2、C_2 分别使用了它们的镜像布局 A'、B'、C'。由于这些布局内每个路段的长度都是一致的,我们改变单个路段的长度会保持整个外出路径的空间布局信息不

① Riecke, B. E., van Veen, H. A. H. C., & Bülthoff, H. H. (2002). Visual homing is possible without landmarks: A path integration study in Virtual Reality. *Presence: Teleoperators and Virtual Environments*, 11(5), 443-473.

② 过继成思,宛小昂,2015.虚拟路径整合的学习效应.心理学报,47(6),711-720.

变,而行程距离改变。因此,外出路径 A_3、B_3、C_3 也使用了布局 A、B、C,是外出路径的 A_1、B_1、C_1 的比例改变;外出路径 A_4、B_4、C_4 使用了布局 A'、B'、C',是外出路径 A_1、B_1、C_1 的镜像比例改变。

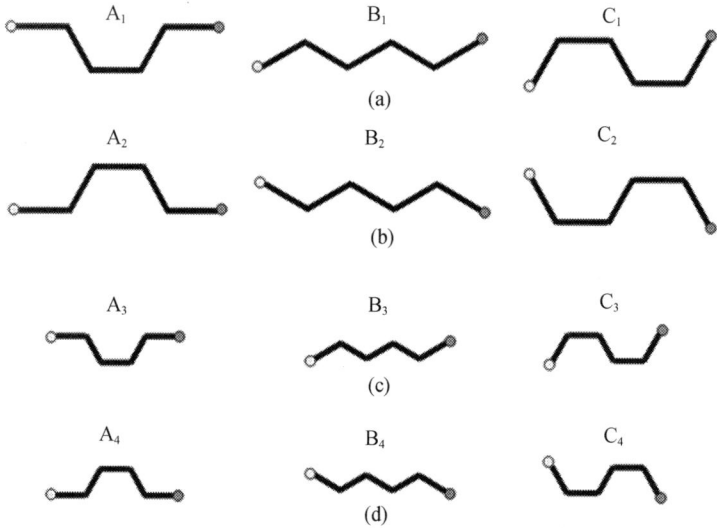

图 5.4　简单外出路径结构示意图

我们将外出路径 A_1、B_1、C_1 至 A_4、B_4、C_4 分别编为第 1 至第 4 组。我们请每位被试在这 4 组外出路径上分别重复 2 次,共进行 24 次路径完成任务。实验结果表明,当被试在同样布局的外出路径上重复地完成路径完成任务,他们在第 2 次接触这些外出路径时比第 1 次时的位置误差和角度误差均减小了,做出方向判断的反应速度也提高了。这种对外出路径的学习效应,还可以迁移到具有同样空间布局但行程距离改变的其他外出路径中。

当然,这个实验中采用的空间布局都是比较特殊的(同一外出路径内所有路段长度相等,夹角也全都是 60°)。因此,我们在实验二外出路径中采用长度不等的路段和大小不同的夹角,检验复杂的空间布局是否也能引起学习效应。我们通过计算机程序随机选择每个路段的长度(3 米或 5 米)及每个夹角(顺时针方向或逆时针方向的 60°或 120°),得到大量不同空间布局的外出路径,并从其中随机选择 3 种外出路径用于每位被试的实验。图 5.5

展示了其中两位被试所面临的基本外出路径 A_1、B_1、C_1,可以看出不同外出路径之间具有明显的结构差别。实验结果表明,复杂路径的重复也能够引起学习效应。具体而言,当被试在同样布局的外出路径上重复地进行路径完成任务,他们在第 4 次接触这些外出路径时比第 1 次时的比例位置误差减小了,做出方向判断的反应速度也提高了。

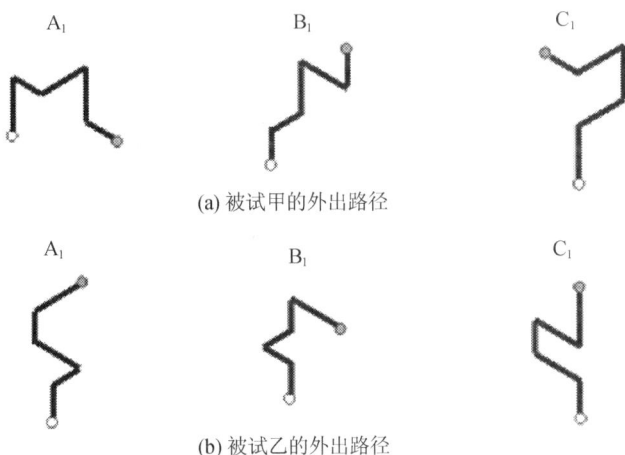

(a) 被试甲的外出路径

(b) 被试乙的外出路径

图 5.5　复杂外出路径结构示意图

值得注意的是,我们在这个研究的所有阶段中都不给被试任何反馈。仅仅是在同样布局的外出路径上重复地进行路径完成任务,就产生了学习效应。具体而言,当人们在同样布局的外出路径上重复地完成路径完成任务,他们返回起点的位置误差减小了,判断起点方向的反应速度也提高了。当外出路径的空间布局比较简单时,被试在第 2 次接触这些外出路径时已经表现出学习效应;当外出路径的空间布局比较复杂时,被试在第四次接触这些外出路径时也表现出了学习效应。这样的结果说明更复杂的空间布局需要更多次数的重复才可以提高人的路径整合成绩。研究没有发现显著的性别差异,说明男性和女性同样可以受益于路径重复带来的学习效应。

但是,这项研究关注的主要是视觉路径整合,而非视觉路径整合能力的提高对视力受损者才是关键,这需要进一步的探究。

三、通过虚拟现实与电子游戏提高空间巡航能力

在一些发达国家和地区,视力受损者非常看重能够在生活中保持独立,尤其是能够独立地进行空间巡航。一方面,为了达成这个目标,他们往往要接受正式的空间定向和运动训练,尤其是学习适应那些复杂的环境。另一方面,为视力受损者开发合适的导航系统也非常重要。如本书第二章所提到的,美国学者高雷奇、卢米斯、克莱兹基在 20 世纪 90 年代合作为视力受损者开发了基于全球定位系统的 UCSB 个人导航系统。随着技术的不断发展,这个系统演变为可穿戴设备,通过语音和盲文为使用者提供引导言语及环境信息。

除此之外,其他一些电子设备和技术也可以协助视力受损者进行空间巡航,例如能够检测路面障碍的智能手杖、进行全球卫星定位的导航仪、用触觉或听觉信号替代视觉的导盲设备等。以导盲眼镜为例,它可以通过换能器向前方发射并接收反射回来的超声脉冲波,令使用者通过耳机发出的声音变化而感知障碍物。回声定位手表则可以通过声呐传感器来测量物体的距离,并通过振动来告知使用者与障碍物之间的距离。在 2015 年上映的影片《我是证人》中,演员杨幂所扮演的盲女在结尾处与杀手搏斗时使用的就是一种手持型振动导盲探测器。这种探测器用振动频率和强度表示障碍物距使用者的距离,令视力受损者可以用手部触觉弥补视觉缺失带来的不利影响。

近年来,虚拟现实和电子游戏训练也可以用于帮助视力受损者学习如何进行空间巡航。当然,针对视力受损者设计的虚拟环境无法依赖视觉模拟,主要以听觉模拟为主。在一项研究中,研究者按照现实中存在的一座大楼设计了虚拟大楼及相应的计算机程序,通过让被试完成在虚拟大楼里寻找珠宝的游戏,学会大楼的空间布局。[①] 具体而言,当被试通过按键在虚拟

---

① Connors, E. C., Chrastil, E. R., Sánchez, J., & Merabet, L. B. (2014). Action video game play and transfer of navigation and spatial cognition skills in adolescents who are blind. *Frontiers in Human Neuroscience*, *8*, Article 133, 1-8.

的大楼中行进时,他们会依次听到提示空间信息的声音信号。例如,如果他们的左侧有一扇门,他们的左耳就会听见敲门声。同时,他们也会直接接受关于空间位置的语音提示,例如"你现在位于一层的走廊中,面向西方"等。这样的设计令被试在完全没有视觉线索的条件下获得大量与空间情境有关的语音信息,并让他们可以独立探索虚拟环境。

实验任务要求被试在虚拟大楼中自由探索一小时,寻找随机摆放的珠宝,并在找到珠宝后将其从大楼的 3 个出口中的一个转移出去。计算机程序根据他们选择转移珠宝的出口与珠宝之间的距离评分,距离越近则评分越高,并用这个分数来衡量他们的任务表现。在电子游戏结束后,研究者再让被试在真实的大楼中,完成两项真实世界中的寻路任务。一项任务是从指定的起点开始,寻找去指定终点的路;另一项任务是从指定的起点开始,找到离开大楼的出口。参加研究的被试是 7 名在 3 岁前就已经失明、对电子设备非常熟悉的青少年。实验结果表明,这些被试可以利用听觉信号在虚拟的环境中自由探索,他们不仅可以完成虚拟现实中的电子游戏,也可以将从虚拟世界中学到的空间知识应用到现实世界中的空间巡航任务里去。

在后续研究中,研究者比较了自己玩游戏学习与在别人言语指导下学习空间环境的效果,结果发现采用这两种空间学习方式的视力受损的青少年被试在其后的虚拟现实测验和真实世界测验都表现不错。[①] 无论采用哪一种学习方式,这些被试都能把在虚拟环境中学习到的空间信息应用于之后的空间巡航任务。无论是在虚拟环境还是真实环境中进行两个地点之间的寻路任务时,两组被试的表现都没有显著差异。但是,当被试完成从真实环境中的某个地点选择最近的出口离开大楼时,通过游戏学习的被试比通过言语指导学习的被试表现得更好。

这两项研究采用的样本都比较小,但是研究成果初步地表明了虚拟现

① Connors, E. C., Chrastil, E. R., Sánchez, J., & Merabet, L. B. (2014). Virtual environments for the transfer of navigation skills in the blind: A comparison of directed instruction vs. video game based learning approaches. *Frontiers in Human Neuroscience*, 8, Article 223, 1-13.

实在盲人导航与教育领域中的重要应用。虚拟现实与电子游戏经历促使玩家能够在虚拟环境中更加灵活地加工处理和空间有关的信息,并把从游戏中获得的与空间方位关系有关的信息转化到其他空间任务中去。这种从虚拟现实与电子游戏中获得的空间知识,可以与他们在现实世界中进行空间巡航时获得的自身运动信息一起,帮助视力受损者进行空间巡航。两者如何更加有效地结合,还值得我们进一步研究。

四、结束语

本书分别介绍了人类路径整合的现象及实验范式、路径整合的自身运动信息基础、人类路径整合的空间更新机制与神经机制,并初步讨论了相关的研究成果在空间巡航能力训练与提高方面的应用。从这些内容中,可以看出对于人类路径整合能力的测量其实是比较复杂的,实验研究中的因变量个数较多,数据量也较大,对数据的分析和解释有一定的挑战性。研究中对于外出路径的设计,也会影响因变量的敏感性。在研究人类路径整合的心理机制与神经机制时,也往往只能研究视觉路径整合或非视觉路径整合中的一种。但是,这两种路径整合的心理机制和神经机制是否相同,仍是一个值得探讨的问题。非认知因素对于人类路径整合的影响,例如人的情绪、动机的影响,仍然是未知的。这个研究领域还存在许多问题值得探索,也在空间能力测评和训练方面具有广阔的应用前景。

参考文献

过继成思,宛小昂,2015.虚拟路径整合的学习效应.心理学报,47(6), 711-720.

李宝旺,徐颖,李兵,刁云程,2002.光流信息加工的神经基础.生理科学进展,33(4),317-321.

梅锦荣,2011.神经心理学.北京:中国人民大学出版社.

张弢,李胜光,2011.自身运动认知的神经机制.心理科学进展,19(10), 1405-1416.

赵沁平,2009.虚拟现实综述.中国科学(F辑:信息科学),39(1),2-46.

Adamo, D. E., Briceno, E. M., Sinedone, J. A., Alexander, N. B., & Moffat, S. D. (2012). Age differences in virtual environment and real world path integration. *Frontiers in Aging Neuroscience*, 4, Article 26, 1-9.

Aguirre, G. K., & D'Esposito, M. (1999). Topographical disorientation: A synthesis and taxonomy. *Brain*, 122(9), 1613-1628.

Allen, G. L., Kirasic, K. C., Rashotte, M. A., & Haun, D. B. M. (2004). Aging and path integration skills: Kinesthetic and vestibular contributions to wayfinding. *Perception and Psychophysics*, 66(1), 170-179.

Alyan, S., & McNaughton, B. L. (1999). Hippocampectomized rats are capable of homing by path integration. *Behavioral Neuroscience*, 113(1), 19-31.

Amorim, M.-A., Glasauer, S., Corpinot, K., & Berthoz, A. (1997). Updating an object's orientation and location during nonvisual navigation: A comparison between two processing modes. *Perception and Psychophysics*, 59(3), 404-418.

Appleyard, D. (1970). Styles and methods of structuring a city. *Environment and Behavior*, 2(1), 100-117.

Arnold, A. E. G., Burles, F., Bray, S., Levy, R. M., & Iaria, G. (2014). Differential neural network configuration during human path integration. *Frontiers in Human Neuroscience*, 8, Article 263, 1-12.

Benhamou, S. (1997). Path integration by swimming rats. *Animal Behaviour*, 54(2), 321-327.

Benhamou, S., Sauve, J. P., & Bovet, P. (1990). Spatial memory in large-scale movements: Efficiency and limitation of the egocentric coding process. *Journal of Theoretical Biology*, 145(1), 1-12.

Blascovich, J., & Bailenson, J. N. (2011). Infinite Reality. New York: William Morrow.

Bredin, J., Kerlirzin, Y., & Israël, I. (2005). Path integration: Is there a difference between athletes and non-athletes? *Experimental Brain Research*, 167(4), 670-674.

Bremmer, F., & Lappe, M. (1999). The use of optical velocities for distance discrimination and reproduction during visually simulated self motion. *Experimental Brain Research*, 127(1), 33-42.

Byrne, P., Becker, S., & Burgess, N. (2007). Remembering the past and imagining the future: A neural model of spatial memory and imagery. *Psychological Review*, 114(2), 340-375.

Carcia Popov, A. (2009). *The effect of gymnastics training on blind navigation ability and attentional demand in a triangle completion task*. University of Ottawa, Ottawa.

Cattet, J., & Etienne, A. S. (2004). Blindfolded dogs relocate a target through path integration. *Animal Behaviour*, 68(1), 203-212.

Chance, S. S., Gaunet, F., Beall, A. C., & Loomis, J. M. (1998). Locomotion mode affects the updating of objects encountered during travel: The contribution of vestibular and proprioceptive inputs to path integration. *Presence: Teleoperators and Virtual Environments*, 7(2), 168-178.

Cheng, K., Shettleworth, S. J., Huttenlocher, J., & Rieser, J. J. (2007). Bayesian integration of spatial information. *Psychological Bulletin*, 133(4), 625-637.

Chrastil, E. R., & William, W. H. (2014). Active and passive spatial learning in human navigation: Acquisition of survey knowledge. *Journal of Experimental Psychology: Learning, Memory, and Cognition*, 39(5), 1520-1537.

Chrastil, E. R., & William, W. H. (2014). From cognitive maps to cognitive graphs. *PLOS ONE*, 9(11), e112544.

Chrastil, E. R., & William, W. H. (2015). Active and passive spatial learning in human navigation: Acquisition of graph knowledge. *Journal of Experimental Psychology: Learning, Memory, and Cognition*, 41(5), 1162-1178.

Collett, M., Collett, T. S., & Srinivasan, M. V. (2006). Insect navigation: Measuring travel distance across ground and through air. *Current Biology*, 16(20), R887-R890.

Collett, T. S., Dillmann, E., Giger, A., & Wehner, R. (1992). Visual landmarks and route following in desert ants. *Journal of Comparative Physiology A*, 170(4), 435-442.

Connors, E. C., Chrastil, E. R., Sánchez, J., & Merabet, L. B. (2014). Action video game play and transfer of navigation and spatial cognition skills in adolescents who are blind. *Frontiers in Human Neuroscience*, 8, Article 133, 1-8.

Connors, E. C., Chrastil, E. R., Sánchez, J., & Merabet, L. B. (2014). Virtual environments for the transfer of navigation skills in the blind: A comparison of directed instruction vs. video game based learning approaches. *Frontiers in Human Neuroscience*, 8, Article 223, 1-13.

Crane, J., & Milner, B. (2005). What went where? Impaired object-location learning in patients with right hippocampal lesions. *Hippocampus*, *15*(2), 216-213.

Ellmore, T. M., & McNaughton, B. L. (2004). Human path integration by optic flow. *Spatial Cognition and Computation*, *4*(3), 255-272.

Farrell, M. J., & Robertson, I. H. (1998). Mental rotation and automatic updating of body-centered spatial relationships. *Journal of Experimental Psychology: Learning, Memory, and Cognition*, *24*(1), 227-233.

Froehler, M. T., & Duffy, C. J. (2002). Cortical neuron s encoding path and place: Where you go is where you are. *Science*, *295*(5564), 2462-2465.

Fujita, N., Klatzky, R. L., Loomis, J. M., & Golledge, R. G. (1993). The encoding-error model of pathway completion without vision. *Geographical Analysis*, *25*(4), 295-314.

Fyhn, M., Hafting, T., Treves, A., Moser, M.-B., & Moser, E. I. (2007). Hippocampal remapping and grid realignment in entorhinal cortex. *Nature*, *446*(7132), 190-194.

Fyhn, M., Molden, S., Witter, M. P., Moser, E. I., & Moser, M.-B. (2004). Spatial representation in the entorhinal cortex. *Science*, *305*(5688), 1258-1264.

Gaunet, F., Vidal, M., Kemeny, A., & Berthoz, A. (2001). Active, passive and snapshot exploration in a virtual environment: Influence on scene memory, reorientation and path memory. *Cognitive Brain Research*, *11*(3), 409-420.

Gibson, J. J. (1950). *Perception of the visual world*. Boston: Houghton Mifflin.

Gramann, K., Müller, H. J., Eick, E., & Schönebeck, B. (2005). Evidence of separable spatial representations in a virtual navigation task. *Journal of Experimental Psychology: Human Perception and Performance*, *31*(6), 1199-1223.

Harris, M. A., & Wolbers, T. (2012). Aging effects on path integration and landmark navigation. *Hippocampus*, *22*(8), 1770-1780.

Hazen, N. L. (1982). Spatial exploration and spatial knowledge: Individual and developmental differences in very young children. *Child Development*, *53*(3), 826-833.

Kahneman, D. (1973). *Attention and effort*. Englewood Cliffs, NJ: Prentice Hall.

Kearns, M. J., Warren, W. H., Duchon, A. P., & Tarr, M. J. (2002). Path integration from optic flow and body senses in a homing task. *Perception*, *31*(3), 349-374.

Kim, S., Sapiurka, M., Clark, R. E., & Squire, L. R. (2013). Contrasting effects on path integration after hippocampal damage in human and rats. *Proceedings of the National Academy of Sciences of the United States of America*, *110*(12), 4732-4737.

Klatzky, R. L., Loomis, J. M., Beall, A. C., Chance, S. S., & Golledge, R. G. (1998). Spatial updating of self-position and orientation during real, imagined, and virtual locomotion. *Psychological Science*, *9*(4), 293-298.

Klatzky, R. L., Loomis, J. M., & Golledge, R. G. (1997). Encoding spatial representations through nonvisually guided locomotion: Tests of human path integration. In D. Medin (Ed.), *The psychology of learning and motivation* (Vol. *37*, pp. 41-84). San Diego: Academic Press.

Klatzky, R. L., Loomis, J. M., Golledge, R. G., Cicinelli, J. G., Doherty, S., & Pellegrino, J. W. (1990). Acquisition of route and survey knowledge in the absence of vision. *Journal of Motor Behavior*, *22*(1), 19-43.

Lawton, C. A. (1994). Gender differences in way-finding strategies: Relationship to spatial ability and spatial anxiety. *Sex Roles*, *30*(11), 765-779.

Linn, M. C., & Petersen, A. C. (1985). Emergence and characterization of sex differences in spatial ability: A meta-analysis. *Child Development*, *56*(6), 1479-1498.

Loomis, J. M., Golledge, R. G., & Klatzky, R. L. (2001). GPS-based navigation system for the visually impaired. In W. Barfield & T. Gaudell (Eds.), *Fundamentals of wearable computers and augmented reality* (pp. 429-446). Mahwah, NJ: Lawrence Erlbaum Associates.

Loomis, J. M., Klatzky, R. L., Golledge, R. G., Cicinelli, J. G., Pellegrino, J. W., & Fry, P. A. (1993). Nonvisual navigation by blind and sighted: Assessment of path integration ability. *Journal of Experimental Psychology: General*, *122*(1), 73-91.

Loomis, J. M., Klatzky, R. L., Golledge, R. G., & Philbeck, J. W. (1999). Human navigation by path integration. In R. Golledge (Ed.), *Wayfinding behavior: Cognitive mapping and other spatial processes* (pp. 125-151). Baltimore: Johns Hopkins University Press.

Loomis, J. M., Lippa, Y., Klatzky, R. L., & Golledge, R. G. (2002). Spatial updating of locations specified by 3-D sound and spatial language. *Journal of Experimental Psychology: Learning, Memory, and Cognition*, *28*(2), 335-345.

Maaswinkel, H., Jarrard, L. E., & Whishaw I. Q. (1999). Hippocampectomized rats are impaired in homing by path integration. *Hippocampus*, *9*(5), 553-561.

Maguire, E. A., Burgess, N., Donnett, J. G., Frackowiak, R. S., Frith, C. D., & O'Keefe, J. (1998). Knowing where and getting there: A human navigation network. *Science*, *280*(5365), 921-924.

Maguire, E. A., Gadian, D. G., Johnsrude, I. S., Good, C. D., Ashburner, J., Frackowiak, R. S., & Frith, C. D. (2000). Navigation-related structural change in the hippocampi of taxi drivers. *Proceedings of the National Academy of Sciences of the United States of America*, *97*(8), 4398-4403.

Mahmood, O., Adamo, D., Briceno, E., & Moffat, S. D. (2009). Age differences in visual path integration. *Behavioural Brain Research*, *205*(1), 88-95.

Menzel., R., Greggers, U., Smith, A., Berger, S. Brandt, R., & Brunke, S. et al. (2005). Honey bees navigate according to a map-like spatial memory. *Proceedings of National Academy Sciences of the United States of America*, *102*(8), 3040-3045.

Milgram, P., Takemura, H., Utsumi, A., & Kishino, F. (1994). Augmented Reality: A class of displays on the reality-virtuality continuum. *Proceedings of SPIE* (Vol. *2531*): *Telemanipulator and Telepresence Technologies*, 282-292.

Mittelstaedt, H., & Mittelstaedt, M. L. (1982). Homing by path integration. In F. Papi & H. G. Wallraff (Eds.), *Avian navigation* (pp. 290-297). New York: Springer.

Mou, W., McNamara, T. P., Valiquette, C. M., & Rump, B. (2004). Allocentric and egocentric updating of spatial memory. *Journal of Experimental Psychology: Learning, Memory, and Cognition*, *30*(1), 142-157.

Nardi, M., Jones, Peter, Bedford, R., & Braddick, O. (2008). Development of cue integration in human navigation. *Current Biology*, *18*(9), 689-693.

Newcombe, N., Bandura, M. M., & Taylor, D. G. (1983). Sex differences in spatial ability and spatial activities. *Sex Roles*, *9*(3), 377-386.

O'Keefe, J. (1976). Place units in the hippocampus of the freely moving rat. *Experimental Neurology*, *51*(1), 78-109.

O'Keefe, J., & Nadel, L. (1978). *The hippocampus as a cognitive map*. Oxford, UK: Clarendon.

Parron, C., & Save, E. (2004). Evidence for entorhinal and parietal cortices involvement in path integration in the rat. *Experimental Brain Research*, *159*(3), 349-359.

Passini, R., Proulx, G., & Rainville, C. (1990). The spatio-cognitive abilities of the visually impaired population. *Environment and Behavior*, *22*(1), 91-118.

Péruch, P., May, M., & Wartenberg, F. (1997). Homing in virtual environments: Effects of field of view and path layout. *Perception*, *26*(3), 301-311.

Péruch, P., Vercher, J., & Gauthier, G. M. (1995). Acquisition of spatial knowledge through visual exploration of simulated environments. *Ecological Psychology*, *7*(1), 1-20.

Philbeck, J. W., Behrmann, M., Levy, L., Potolicchio, S. J., & Caputy, A. J. (2004). Path integration deficits during linear locomotion after human medial temporal lobectomy. *Journal of Cognitive Neuroscience*, *16*(4), 510-520.

Philbeck, J. W., Klatzky, R. K., Behrmann, M., Loomis, J. M., & Goodridge, J. (2001). Active control of locomotion facilitates nonvisual navigation. *Journal of Experimental Psychology: Human Perception and Performance*, *27*(1), 141-153.

Riecke, B. E., Cunningham, D. W., & Bülthoff, H. H. (2007). Spatial updating in virtual reality: The sufficiency of visual information. *Psychological Research*, *71*(3), 298-313.

Riecke, B. E., van Veen, H. A. H. C., & Bülthoff, H. H. (2002). Visual homing is possible without landmarks: A path integration study in Virtual Reality. *Presence: Teleoperators and Virtual Environments*, *11*(5), 443-473.

Riecke, B. E., von der Heyde, M., & Bülthoff, H. H. (2005). Visual cues can be sufficient for triggering automatic, reflex-like spatial updating. *ACM Transactions on Applied Perception*, *2*(3), 183-215.

Rieser, J. J. (1989). Access to knowledge of spatial structure at novel points of observation. *Journal of Experimental Psychology: Learning, Memory, and Cognition*, *15*(6), 1157-1165.

Riley, J. R., Greggers, U., Smith, A. D., Reynolds, D. R., & Menzel, R. (2005). The flight paths of honeybees recruited by the waggle dance. *Nature*, *435*(7039), 205-207.

Save, E., Guazzelli, A., & Poucet, B. (2001). Dissociation of the effects of bilateral lesions of the dorsal hippocampus and parietal cortex on path integration in the rat. *Behavioral Neuroscience*, *115*(6), 1212-1223.

Séguinot, V., Cattet, J., & Benhamou, S. (1998). Path integration in dogs. *Animal Behaviour*, *55*(4), 787-797.

Shiffrin, R. M. & Schneider, W. (1977). Controlled and automatic human information processing: II. Perceptual learning, automatic attending, and a general theory. *Psychological Review*, *84*(2), 127-190.

Sholl, M. J. (1989). The relation between horizontality, rod-and-frame, and vestibular navigational performance. *Journal of Experimental Psychology: Learning, Memory, and Cognition*, *15*(1), 110-125.

Shrager, Y., Kirwan, C. B., & Squire, L. R. (2008). Neural basis of the cognitive map: Path integration does not require hippocampus or entorhinal cortex. *Proceedings of the National Academy of Sciences of the United States of America*, *105*(33), 12034-12038.

Simons, D. J., & Chabris, C. F. (1999). Gorillas in our midst: Sustained inattentional blindness for dynamic events. *Perception*, *28*(9), 1059-1074.

Smith, A. D., Howard, C. J., Alcock, N., & Cater, K. (2010). Going the distance: Spatial scale of athletic experience affects the accuracy of path integration. *Experimental Brain Research*, *206*(1), 93-98.

Squire, L. R., Stark, C. E. I., & Clark, R. E. (2004). The medial temporal lobe. *Annual Review of Neuroscience*, *27*(1), 279-306.

Tolman, E. C. (1948). Cognitive maps in rats and men. *Psychological Review*, *55*(4), 189-208.

von Saint Paul, U. (1982). Do geese use path integration for walking home? In F. Papi & H. G. Wallraff (Eds.), *Avian navigation* (pp.

298-307). New York: Springer.

Wallace, D. G., & Whishaw, I. Q. (2004). Dead reckoning. In I. Q. Whishaw & B. Kolb (Eds.), *Behavior of the laboratory rat: A handbook with tests* (pp. 401-409). Cary, NC: Oxford University Press.

Wallace, D. G., Hines, D. J., Pellis, S. M., & Whishaw, I. Q. (2002). Vestibular information is required for dead reckoning in the rat. *Journal of Neuroscience, 22*(22), 10009-10017.

Waller, D., Montello, D. R., Richardson, A. E., & Hegarty, M. (2002). Orientation specificity and spatial updating of memories for layouts. *Journal of Experimental Psychology: Learning, Memory, and Cognition, 28*(6), 1051-1063.

Wan, X., Wang, R. F., & Crowell, J. A. (2009). Spatial updating in superimporsed real and virtual environments. *Attention, Perception, and Psychophysics, 71*(1), 42-51.

Wan, X., Wang, R. F., & Crowell, J. A. (2010). The effect of active selection in human path integration. *Journal of Vision, 10* (11), Article 25, 1-11.

Wan, X., Wang, R. F., & Crowell, J. A. (2012). The Effect of landmarks in human path integration. *Acta Psychologica, 140*(1), 7-12.

Wan, X., Wang, R. F., & Crowell, J. A. (2013). Effects of basic path properties on human path integration. *Spatial Cognition and Computation, 13*(1), 79-101.

Wang, R. F. (2004). Between reality and imagination: When is spatial updating automatic? *Perception and Psychophysics, 66*(1), 68-76.

Wang, R. F. (2016). Building a cognitive map by assembling multiple path integration systems. *Psychonomic Bulletin and Review, 23* (3), 692-702.

Wang, R. F., & Brockmole, J. R. (2003). Simultaneous spatial updating in nested environments. *Psychonomic Bulletin and Review*, *10*(4), 981-986.

Wang, R. F., & Spelke, E. S. (2000). Updating egocentric representations in human navigation. *Cognition*, *77*(3), 215-250.

Wang, R. F., Crowell, J. A., Simons, D. J., Irwin, D. E., Kramer, A. F., & Ambinder, M. S. et al. (2006). Spatial updating relies on an egocentric representation of space: Effects of the number of objects. *Psychonomic Bulletin and Review*, *13*(2), 281-286.

Wehner, R., & Müller, M. (2006). The significance of direct sunlight and polarized skylight in the ant's celestial system of navigation. *Proceedings of the National Academy of Sciences of the United States of America*, *103*(3), 12575-12579.

Wehner, R., & Srinivasan, M. V. (1981). Searching behavior of desert ants, genus *Cataglyphis* (Formicidae, Hymenoptera). *Journal of Comparative Physiology*, *142*(3), 315-318.

Whishaw, I. Q., & Maaswinkel, H. (1998). Rats with fimbria-fornix lesions are impaired in path integration: A role for the hippocampus in "sense of direction". *Journal of Neuroscience*, *18*(8), 3050-3058.

Whishaw, I. Q., & Tomie, J. A. (1997). Piloting and dead reckoning dissociated by fimbria-fornix lesions in a food carrying task. *Behavioural Brain Research*, *89*(1-2),87-97.

Whishaw, I. Q., Cassel, J.-C., & Jarrard, L. E. (1995). Rats with fimbria-fornix lesions display a place response in a swimming pool: A dissociation between getting there and knowing where. *Journal of Neuroscience*, *15*(8), 5779-5788.

Wiener, J. M., & Mallot, H. (2006). Path complexity does not impair visual path integration. *Spatial Cognition and Computation*, *6*(4), 333-346.

Wiener, J. M., Berthoz, A., & Wolbers, T. (2011). Dissociable cognitive mechanisms underlying human path integration. *Experimental Brain*

Research，*208*(1)，61-71.

Wilson，P. N. (1999). Active exploration of a virtual environment does not promote orientation or memory for objects. *Environment and Behavior*，*31*(6)，752-763.

Wilson，P. N.，Foreman，N.，Gillett，R.，& Stanton，D. (1997). Active versus passive processing of spatial information in a computer-simulated environment. *Ecological Psychology*，*9*(3)，207-222.

Wolbers，T.，Hegarty，M.，Büchel，C.，& Loomis，J. M. (2008). Spatial updating：How the brain keeps track of changing object locations during observe motion. *Nature Neuroscience*，*11*(10)，1223-1230.

Wolbers，T.，Wiener，J. M.，Mallot，H. A.，& Büchel，C. (2007). Differential recruitment of the hippocampus，medial prefrontal cortex，and the human motion complex during path integration in humans. *Journal of Neuroscience*，*27*(35)，9408-9416.

Worsley，C. L.，Recce，M.，Spiers，H. J.，Marley，J.，Polkey，C. E.，& Morris，R. G. (2001). Path integration following temporal lobectomy in humans. *Neuropsychologia*，*39*(5)，452-464.

Wraga，M.，Creem-Regehr，S. H.，& Proffitt，D. R. (2004). Spatial updating of virtual displays during self- and display rotation. *Memory and Cognition*，*32*(3)，399-415.

Yamamoto，N.，Philbeck，J. W.，Woods，A. J.，Gajewski，D. A.，Arthur，J. C.，Potolicchio S. J.，Levy，L.，& Caputy，A. J. (2014). Medial temporal lobe roles in human path integration. *PLOS ONE*，*9*(5)，e96583.

Zhao，M.，& Warren，W. H. (2015). How you get there from here：Interaction of visual landmarks and path integration in human navigation. *Psychological Science*，*26*(6)，915-924.

浅议虚拟现实在心理学研究与
实践中的应用

虚拟现实这个术语最早出现于法国戏剧家安东尼·阿尔托(Antonin Artaud)于1938年出版的文集《戏剧与戏剧的重建》中。他认为,戏剧应该成为向观众揭示人或事物内在冲突的"虚拟现实",从视觉和听觉上强烈地感染观众,并让观众有机会与演员互动。今天,虚拟现实这个术语主要被用来描述利用计算机模拟产生的虚拟世界,而且这类虚拟世界还能与使用者进行实时互动。

自从美国著名计算机科学家伊万·萨塞兰(Ivan Sutherland)在1965年发表的《终端的显示》(The Ultimate Display)一文中提出集合多种传输设备并传递多种信息的虚拟现实系统之后,今天的虚拟现实技术已经可以通过头盔式显示器来呈现视觉信息,通过耳机来呈现听觉信息,通过数据手套来呈现触觉信息,通过佩戴项圈来呈现嗅觉信息。虚拟现实系统向使用者提供多感官的逼真模拟,令使用者仿佛置身于与现实完全不同的空间和时间中,产生身临其境的感觉,并与这个模拟的现实发生交互作用。

虚拟现实中的"现实"可以是生活中真实存在的,也可能是生活中少见或无法存在的。虚拟现实的出现和发展不仅促进了人们对于"现实"这个概念的思考与认识,也对航空航天、建筑设计、城市规划、医学实习、艺术娱乐等许多领域产生深远的影响,并越来越广泛地应用于科学研究中。自1992年开始,麻省理工学院出版社定期出版《临场感:远程操作设备与虚拟环境》(*Presence: Teleoperators and Virtual Environments*)学术期刊,吸引了来自计算机、工程、心理学等各个领域的研究人员,发表与虚拟现实有关的学术论文。虚拟现实也越来越多地出现在国内许多院校的科研活动之中,例如清华大学的驾驶模拟器、北京航空航天大学的飞行模拟器、浙江大学的建筑虚拟规划和设计等。

随着虚拟现实技术的进步与发展,虚拟现实也越来越广泛地应用于国民经济和人民生活的许多方面。2016 年 4 月,中华人民共和国工业和信息化部(工信部)电子技术标准化研究院正式发布了《虚拟现实产业发展白皮书 5.0》。这份文件总结了国内的虚拟现实产业发展情况;根据虚拟现实技术的特点阐述其在军事、游戏娱乐、医学、工业、教育文化等各领域的应用;呼吁尽快启动虚拟现实标准化工作,建立和完善相关标准体系,规范行业发展。因此,我们可以预见到,在不远的将来,虚拟现实也许将进一步影响社会生活的方方面面。

对于心理学而言,虚拟现实在认知心理学研究、社会心理学研究以及心理治疗之中都具有较为广阔的前景。

一、虚拟现实与认知心理学研究

本书正文已经详细地介绍了虚拟现实在人类视觉路径整合研究中的重要作用,这正是虚拟现实应用于认知心理学研究的范例之一,在此处不再赘述。除了路径整合这个研究主题之外,虚拟现实在其他类型的空间巡航以及空间知觉、空间记忆、知觉与动作等课题的研究中也发挥了重要的作用。

对于心理学研究而言,虚拟现实作为一种研究工具,为研究者提供了新的工具、新的思路、新的视角。虚拟现实中的心理学研究具有安全、可控、灵活、可重复、可设计等多重优点。研究者可以在对实验条件进行严格控制的同时,获得较高的生态学效度;可以令实验中自变量的操控对被试有更强烈的影响;可以创造出在现实生活中难以实现或控制的实验条件;也可以获得更丰富的数据类型,回答之前无法解决的问题。与传统的行为实验相比,使用虚拟现实进行实验,除了可以测量反应时、正确率、反应选择等行为指标之外,还可以记录被试的身体转向、指向以及其他动作指标。尤其重要的是,虚拟现实实验可以提供丰富的空间数据,包括位置、距离、方向、运动轨迹等。

但值得注意的是,尽管虚拟现实能够提供逼真的感知觉模拟,虚拟现实和物理现实之间毕竟存在重要的差别。

第一,无论是相对较为简单的桌面式虚拟现实系统,还是更为复杂一些的头盔式或投影式虚拟现实系统,虚拟世界与现实世界相比还是很简单、粗略的。我们所生活的真实世界信息丰富、瞬息万变,而就目前的技术而言,虚拟环境只是模拟仿真了其中的一部分。现实世界中许多微妙的线索,如光线的方向、明暗、阴影等,在虚拟现实中往往是很难甚至无法呈现出来的。有些虚拟场景其实并不能令使用者产生很强的临场感。

第二,在物理现实中,周围世界的稳定性对人们的感知和判断很关键,周围的世界和很多物体是静止的,而人自身和一些物体是可以移动、变换方位的。但是,在虚拟现实中,当"虚拟运动"(见本书正文第二章和第五章)发生时,人自身是保持不变的,而虚拟场景发生变化。这种相对运动关系的不同,可能会对使用者产生一定的困扰,也有可能会引起头晕、恶心等副作用。

第三,虚拟空间还可以具有不连续性。在虚拟现实中,虚拟场景的直接切换可以让使用者感受到空间位置的改变,而这种改变不需要像物理现实中那样经过衔接和过渡。例如,在日常生活中,人们要从楼里一个房间到达另一个房间,需要经过走廊、楼梯等连接型建筑单元,也可能需要搭乘电梯,但是中间总有一个衔接和过渡的过程。但是,虚拟现实中的建筑可能没有走廊、楼梯等连接型建筑单元,使用者仍然可以通过虚拟场景的切换直接从一个房间到达另一个房间。即使虚拟现实中的建筑有连接型建筑单元,使用者也可以完全不受它的限制而变换,例如从一栋楼的一层直接到达顶层,连电梯也不需要搭乘。虚拟现实的这种不连续性在物理现实中是无法实现的,而对使用者的影响却可能是方方面面的。

在物理世界中,空间的稳定性和连续性对人的认知与行为可能是很重要的。在虚拟现实中,如果空间的稳定性和连续性不存在了,对人的心理和行为会有怎样的影响?如果要将虚拟现实应用于某个课题的研究之中,那么将虚拟世界与物理世界中的实验结果进行对比以确定研究方案的可行性是非常重要的。研究者也往往需要考虑场地与技术设备的限制，对实验方案进行慎重的调整，以便能够顺利地进行研究。

二、虚拟现实与社会心理学研究

虚拟现实在社会心理学研究中也已开始发挥越来越重要的作用。在一些社会心理学研究中，研究者会请被试回忆或想象特定的情景，并以此作为后续工作的基本前提。换言之，这部分社会心理学研究也需要被试体验到自己置身于与自身所处空间和时间完全不同的空间和时间。虚拟现实可以为使用者提供逼真的感知觉模拟，把本来只能用语言文字描述、依靠被试想象的情景，呈现在他们的面前，使他们体验到身临其境的感觉。

在社会心理学研究中使用虚拟现实，可以使实验情景更加接近生活中的真实情景，也令研究者可以更严格地控制实验条件，并令其他研究者可以对研究进行复制。例如，社会心理学领域中著名的道德两难困境研究，就是通过文字描述一个特殊的情景，并请自愿参加实验的被试想象自己在这种情景下会如何反应。一个常用的情景就是：一列火车即将疾驰而过，火车前面的铁轨上绑着五个人。你可以什么也不做，但这五个人就会遇难；你也可以通过扳道使火车驶入岔道，这五个人就会得救。但是，岔道上也绑着一个人，如果你扳道去救那五个人，这个人就会遇难。请你自己决定到底是扳道（即杀死一个人来救五个人）还是不扳道。这样的道德两难情景，在虚拟现实中可以呈现在被试的眼前，并请他们做出选择。

自 20 世纪 90 年代后期开始，以美国加州大学圣巴巴拉分校詹姆斯·布拉什科维奇（James Blascovich）等人为首的学者们已经将虚拟现实应用于人际距离与个人空间、社会促进与社会抑制、服从与社会比较、非言语交流等课题的研究之中。[①] 近年来，虚拟现实工具也逐渐应用于自我概念、刻板印象与偏见等课题的研究中。此外，根据不同的研究目标，研

① Blascovich, J., Loomis, J., Beal, A. C., Swinth, K. R., Hoyt, C. L., & Bailenson, J. N. (2002). Immersive virtual environments technology as a methodological tool for social psychology. *Psychological Inquiry*, 13(2), 103-124.

究者也可以使用虚拟现实（包括场景和任务）来启动被试的情绪，如悲伤、焦虑等。

　　当然，在虚拟现实中进行社会心理学研究，可能要比进行认知心理学研究复杂得多。究其原因，一个极大的可能性是社会心理学研究需要虚拟现实提供的临场感更为复杂。虚拟现实能提供的临场感可以具体划分为个人临场感（personal presence）、社会临场感（social presence）、环境临场感（environmental presence）这三种。① 其中，个人临场感指的是一个人相信自己处于虚拟环境之中的程度。社会临场感指的是一个人相信其他人物处于虚拟环境之中并与自己进行互动的程度。这里的其他"人物"，可能是虚拟场景中由计算机控制的人物，也可能是由其他使用者（真人）控制的人物。环境临场感则指虚拟环境对使用者所作所为的反应程度。例如，如果使用者能够移动虚拟环境中的物体，就会比不能移动虚拟物体时体验到更高的环境临场感。

　　本书第三章第一节曾介绍过虚拟厨房中的空间更新研究，在这个研究中，被试身处在心理学实验室中，但戴上虚拟现实头盔后会看到一间厨房。因此，这里的个人临场感，指的就是被试在多大程度上相信自己确实处于厨房之中，而这往往与虚拟现实所提供的感知觉模拟的逼真程度有关。从研究的结果来看，这个实验提供的个人临场感是比较高的。但是，这个研究没有在虚拟环境中设置其他人物，被试也就无法拥有对社会临场感的体验；虚拟厨房中物体的位置也是固定不变的，不因为被试的行动而发生改变，因此虚拟厨房为被试提供的环境临场感也是非常低的。这样的设置是从研究检验空间更新这一研究目的出发的，非常符合研究的需要。但是，如果要在虚拟现实中进行社会心理学研究，则往往需要提供较高的社会临场感和环境临场感，对虚拟环境和整个实验情景的设置提出了更高的要求。

　　如果要成功地将虚拟现实应用于实验情景较为复杂的研究之中，团队合作非常重要。下面这个例子也许不是最恰当的，但却能生动地说明团队的重要性。在克里斯托弗·诺兰执导、莱昂纳多·迪卡普里奥等人主演的

---

　　① Heeter, C. (1992). Being there: The subjective experience of presence. *Presence: Teleoperators and Virtual Environments*, 1(2), 262-271.

电影《盗梦空间》中,一个制造梦境的团队由盗梦人、筑梦师、前哨者、伪造者、药剂师组成。其中,盗梦人把握全局,筑梦师设计梦中的建筑,前哨者负责收集前期资料,伪造者在梦境中伪装成其他人物,而药剂师使人沉睡陷入梦境之中。如果要在虚拟现实中成功地构造一个实验情景,所需要的团队其实在一定程度上与"盗梦团队"类似。研究团队的主要负责人全面把握研究的目标、设计、内容与实施;拥有美术和设计特长的团队成员负责构建虚拟场景,使虚拟场景符合研究的需要,并在经济成本的限制下确保虚拟场景能够提供足够的临场感;具有较强技术背景与计算机编程能力的团队成员确保实验程序的设置与研究目标紧密契合;而研究的实施还需要实验员和实验助手(如果需要由真人控制其他虚拟人物的话)的密切配合。非凡的想象力、对全局的把握与协调能力、对细节的严谨把握,也很重要。

三、虚拟现实与心理治疗

与一部分社会心理学研究类似的是,一些心理治疗技术也需要患者回忆自己过去的经历或想象生活中的某些情景。这就为虚拟现实提供了用武之地。

例如,认知行为疗法(cognitive behavior therapy)是应用比较广泛的心理治疗方法之一。它结合了认知疗法与行为疗法,既注重认知在心理问题中的重要作用并进行认知矫正,又在治疗过程中注重对行为的矫正。暴露疗法是认知行为疗法中的重要技术之一,经常用于治疗恐惧症和焦虑症等。这种疗法主要是把患者暴露在与病情有关的刺激性环境中,使他逐渐耐受并适应。按照暴露的性质,传统的暴露疗法又可分为实体暴露和想象暴露,实体暴露是将患者暴露在真实的刺激性情景之中,而想象暴露则是让患者想象自己处于恐怖的刺激性情景之中。

使用虚拟现实对心理异常进行诊断和治疗的方法,被称为虚拟现实疗法(virtual reality therapy),也常常被称为虚拟现实暴露疗法(virtual reality exposure therapy)。从 20 世纪 90 年代开始,美国心理学家拉夫·拉姆森(Ralph Lamson)与合作者致力于推动虚拟现实在心理治疗的应用。他们首先将虚拟现实用于恐高症的治疗中,获得一定的成功之后又继续使用虚拟现实技术对其他心理异常进行治疗。现今,虚拟现实对于焦虑障碍和恐惧症的治疗已被证实为非常有效,并成为创伤后应激障碍的主要治疗方法之一,在厌食症、抑郁症、成瘾、失眠的治疗中也发挥了作用。

　相对于传统的暴露疗法,虚拟现实疗法有四点明显的优势。①② 第一,虚拟现实的沉浸性、交互性可以保证患者有安全、可控的治疗环境,治疗师可以较好地控制刺激的强弱程度,不必担心对患者有任何实质性的威胁和伤害。第二,虚拟现实暴露能更好地保护患者的隐私。如果进行实体暴露,患者可能需要置身于令他们感到恐惧的环境当中。这些环境可能是各种各样的,有些还可能是公众场合,而患者也可能因为担心自己的病情被别人知道或是在公众场合中表现出自己的恐惧而拒绝实体暴露。虚拟现实暴露则可以在治疗师的办公室内进行,患者不必担心他们在公众场合发病或被别人知道他们的病情。第三,与想象暴露相比,虚拟现实暴露可以提供视觉、听觉、触觉、嗅觉等多感官的逼真模拟,比想象中的暴露更具有临场感。尤其是有些患者可能很难想象自己处于自己恐怖的情景之中,但又拒绝在真实环境中进行实体暴露。在这种情况下,虚拟现实暴露疗法就提供了解决方法。第四,虚拟现实的构想性甚至可以令它超越现实,创造出比真实情景更恐怖的情景。例如,幽闭恐惧症的患者害怕进入狭小而黑暗的封闭空间,在这种封闭空间内他们可能会感觉四面的墙壁纷纷压来,令自己无路可逃,直至窒息。虚拟现实可以将墙壁的移动和挤压逼真地呈现出来,但又不会对人产生任何实质的伤害,让患者体会到自己对情景的错误认知并学会如何面对。

　但是,如果要真正把虚拟现实应用于心理治疗中,也有至少三个问题值得慎重考虑。第一,例如,在现实世界中引起恐惧和焦虑的情景,在虚拟现实中是否也能引起相同的反应和情绪? 第二,虚拟情景提供的临场感是否

---

① Botella, C., Villa, H., García Palacios, A., Quero, S., Baños, R.M., & Alcaniz, M. (2004). The use of VR in the treatment of panic disorders and agoraphobia. *Studies in Health Technology and Informatics*, 99, 73-90.

② North, M. M., North, S. M., & Coble, J. R. (1997). Virtual Reality Therapy: An effective treatment for psychological disorders. *Studies in Health Technology and Informatics*, 44, 2-6.

足够？只有当虚拟现实提供的感知觉模拟能够引起身临其境的感觉时，虚拟现实治疗才有可能实现。第三，人在虚拟世界中的体验，在多大程度上会影响他对真实世界的知觉和行为？虚拟现实治疗的最终目的，还是希望能使人在现实生活中更好地生活。人在真实世界中的体验，必然会影响他在虚拟现实中的行为和认知。但是，只有当人在虚拟世界中的体验能够反过来影响他在真实世界中的认知和行为，才能真正地实现虚拟现实治疗的最终目的。如果这三个问题能够得到很好的回答，那么虚拟现实在心理治疗中的应用前景将非常广阔。

术语索引

M

N

O

P

插图索引

表格索引

后　记

能够顺利完成这本书的写作，我要感谢许多人。

首先，我要感谢我的博士论文导师——伊利诺伊大学香槟分校心理学系的 Frances Wang 教授。她把我领进空间认知领域的大门，教我如何把心理学实验设计与虚拟场景融合在一起，如何分析和解释空间数据。她的平和、友善、谦逊、包容，深深地影响了我。

回顾过去十几年的求学和科研生涯，我感到自己非常幸运。由于篇幅有限，无法向所有悉心教导过我的导师们一一致谢。感谢伊利诺伊大学香槟分校心理学系的 Dan Simons 教授、Alejandro Lleras 教授、Jim Crowell 博士、天普大学心理学系的 Nora Newcombe 教授、Tim Shipley 教授，北京大学心理学系的韩世辉教授，中科院心理所的傅小兰研究员。感谢我的合作者——牛津大学实验心理学系的 Charles Spence 教授。感谢我在清华大学心理学系的同事、朋友、学生们。

感谢我的学生过继成思和赵辉为本书进行了校对。感谢我的研究助手杨俊福协助我完成了本书中的部分插图。感谢浙江大学出版社陈静毅编辑的支持和帮助。我也深深地感谢所有参加过我们实验的人们。

最后，感谢我的家人对我的支持。

宛小昂

2016 年 5 月于清华大学明斋